My Life

peco

はじめに

この本を手に取ってくださりありがとうございます。これを書いている今現在、5歳の息子と1歳半のわんちゃんがいる、28歳のぺこです。人前に出させていただいたり、お洋服を作らせていただいています。〝りゅうちぇる〟という名前を聞いたら、もしかしたらもっとわかりやすいのかな。りゅうちぇると結婚したぺこです。

この本が始まる前に少しだけ、今の思いをつづらせてください。

2022年8月、わたしたち家族は、「夫」と「妻」という関係ではなく、最愛の息子の親として、人生のパートナーとして、「新しい家族のかたち」として、これから進んでいくことを発表しました。

「応援しているよ」「素敵なかたちだね」というあたたかいお言葉をたくさんい

ただいた反面、自身の性について初めて話し、そして結婚して子どももいるりゅうちぇるがこの選択をしたことに、厳しいお言葉もたくさんいただきました。それとともに、わたしに対しての「かわいそう」という心配のお声、それから「ぺこちゃんは本当に心が広いね」というお声も。

だけどわたしは決してかわいそうでも、わたしの心が広いわけでもなく、りゅうちぇると家族になると決めたときの覚悟、息子を出産すると決めたときの覚悟、そのときの覚悟があるから、わたしにとってはりゅうちぇるの性を受け入れることも、このかたちで進んでいくことも、何も特別なことではありませんでした。

そんなわたしの心のうちを、自分の言葉だけで一冊の中でお話ししたいと思い、２０２２年から書籍の取材をしていただき、着々と準備を進めていました。

だいぶ準備が整ってきた頃。２０２３年７月、突然、りゅうちぇるが亡くなりました。こうして文章を書いている今でも、「りゅうちぇるが亡くなった」という言葉は、現実味がわかないのですが。
だけど、ただひたすらに息子と向き合う日々を過ごし、ようやくりゅうちぇるのいない世界を実感し始めた頃、出版しようと進めていた書籍はどうするかという話になりました。出版社の編集者の方からは、無理して出さなくてもいいんですよという優しいお言葉もいただきました。マネージャーさんとも相談し、とてもとても考えました。

　考えた結果、本編（ＣＨＡＰＴＥＲ１〜ＣＨＡＰＴＥＲ５）はそのままで。りゅうちぇるがいなくなる前にすでに完成していた原稿のままで、りゅうちぇるがいた時間のときのそのままで、出版させてもらいたいと思いました。

　りゅうちぇるが、いろんな思いと葛藤しながらも家族と向き合ってくれた時間の証でもあり、息子を愛しているという証でもある、そして、今５歳の息子がいつか大きくなった頃、この本をもし読む気になってくれたなら、この本を通して、りゅうちぇるがいる家族の時間を感じてほしいと、そう思ったからです。

そして２０２３年９月、本を出版することを決意したあと、本編に加えて、りゅうちぇるがいなくなってしまってからのわたしの思いや現状を追加取材していただき、ＰＲＯＬＯＧＵＥ・ＥＰＩＬＯＧＵＥの原稿が完成しました。そしてさらに、はじめに・おわりには、わたし自身でわたしの手で、今のわたしの思いを書かせてもらっています。

結局この本をつづらせてもらっているのはわたしであってりゅうちぇるではないから、りゅうちぇる、もし空から「ねぇ気まずいじゃ～ん」なんて思うことがあったならほんまにごめんね（笑）。

でも、一生をかけても返しきれないくらいのりゅうちぇるへの感謝の気持ちを込めて、心からまっすぐに、この本を出版させていただきたいと思います。

２０２３年12月

peco

My Life 目次

CHAPTER 3 My Precious——ryuchell

CHAPTER 4 My Family——大切な家族

EPILOGUE

協力／片山朝子（比嘉企画）、岡崎美樹（比嘉企画）　撮影協力／バックグラウンズファクトリー、AWABEES
衣装協力／原宿CHICAGO竹下店☎03-6721-0580、BIG TIME下北沢☎050-3803-2253
撮影／橋本憲和　ヘアメイク：megu　スタイリスト／曽我一平
装丁・本文デザイン／荻原佐織　組版／キャップス　編集協力／山田真理　編集／沼口裕美（祥伝社）

PROLOGUE

息子と2人、グアムのサマースクールへ

２０２３年６月30日に、インスタグラムを通じて新しいブランド「トスタルジック・クロージング」をスタートすることを発表しました。９月の展示会に向けて準備も整い、息子のスクールも夏休みに入ったタイミングで、わたしと息子は２人でグアムに行くことにしました。

目的は、グアムのサマースクールに通うことでした。息子はインターナショナルスクールに通っているので英語はある程度わかるということもあり、現地の学校に入ってみるのはどうだろうと。それってドキドキすることだろうけれど、すごく自分に自信がついて、成長するんじゃないかと思ったんです。

息子は最初、映画『ホーム・アローン２』の舞台になったニューヨークに行きたがったのですが、ｒｙｕｃｈｅｌｌは長期のお休みをとること

が現実的ではなかったので、息子と2人きりで行くことに。付き添う大人が英語も流暢《りゅうちょう》ではないわたしだけとなるので、いきなり大都会のニューヨークはハードルが高すぎるやろということで、子どもの頃から家族で出かけ、結婚してからも訪れたことのあるグアムを選びました。

わたしは6年ぶりとなる海外、息子にとっては初めての海外で、2人ともめちゃくちゃ楽しみにしていました。

息子はスクールにもすぐなじんで毎日元気に通ってくれたし、映画に出てくるような街並みやビーチの風景にも大感激。アメリカンな味付けのご飯だけは少し苦手みたいだったけれど、それ以外は「ずっとここに住みたい！」と言うほどグアムを気に入ったようでした。

息子がスクールに行っている間はカフェで飲み物を買って近所をお散歩したり、古着屋さんに行ったりしていました。

息子も初めての環境で頑張っているんだから、わたしだって少しは成長しなくちゃと思って、英語を頑張ろうと思い、グアムでは見ず知らずの人に英語で話しかけていました。

現地で暮らしている人に、「ハーイ！」と話しかけると、『どこから来たの？』「日本」『なぜグアムに？』「息子のサマースクールがあって」と進んでいきます。

ある人に、『家族で来たの？』と聞かれ、「いえ、息子と2人です」と答えると、『旦那さんはどうしたの？』と聞かれました。ただ、「ｒｙｕｃｈｅｌｌにとっては、〝夫〟は違うんだよね……」と思い、「ちゃんと訂正しなくちゃ」と思ったのです。

それで、「実は7年前に結婚したんだけど、2年くらい前にカミングアウトしてくれて。女の子のようになりたいと言って、今はすっかり女の子なの。今は新しい家族として過ごしている」と、つたない英語力で一気に説明しました。

すると相手はびっくりして、逆に謝ってくれたんですが、自分でも不思議なくらい何のためらいもなく、明るく普通にこの話ができたことが嬉しかったので、「ぜんぜん気にしないで！」と言いました。その夜、ｒｙｕｃｈｅｌｌとの電話でもこのことを話したら、ｒｙｕｃｈｅｌｌも笑っていました。

グアムの青い海と広い空が気持ちを開放してくれたのか、気が楽になったのか。現地の人は人前に出させていただくわたしたちを知らないということもあって、心配していただくことや、憶測をされないことも良かったのかもしれません。

そもそも日本とアメリカでは、家族や性についての考え方が少し違うという面もあるのでしょう。現地の人たちは「そういうこともあるよね」とか「いいじゃん、アメリカだったら普通だよ」と言ってくれました。

ｒｙｕｃｈｅｌｌの最近の写真を見せたら、ある女性に、「すごくきれい。自分らしい生き方を選ぶって素敵なことね」と言っていただきました。

日本でも、インスタグラムやＹｏｕＴｕｂｅなどを通じて「新しい家族のかたちも素敵だね」「ｐｅｃｏちゃんたちの選択を応援するよ」と温かい言葉をたくさんいただきましたが、海外で見知らぬ人に、面と向かって全力で「素敵！」「そんな家族いっぱいいるよ」と言ってもらえて、わたし自身も「そうだよね。素敵なことだよね」と改めて思うことができました。

グアムに滞在しているときも、仕事のため日本に残ったｒｙｕｃｈｅｌｌとは連絡を取っていました。

息子の誕生日の２日前にｒｙｕｃｈｅｌｌもグアムに到着し、誕生日の前日はスクールを休んで丸一日、大好きなダダ（わが家でパパのこと）といっぱいいっぱい遊びました。息子の好きな恐竜が描かれた、人きなチョコレートケーキを食べてお祝いをして。

翌朝、いっしょにスクールまで息子を送り、ひさしぶりに２人でご飯を食べながら、いろんなおしゃべりをして、涙が出るほどお腹を抱えて笑いました。

ｒｙｕｃｈｅｌｌからは「今後こういう仕事をやってみたいんだよね」「新しい企画があってさ」なんて話も出ていました。

空港で別れるとき、「日本に帰ってきたら、りゅうがお迎えに行くよ」と言ってバイバイを交わした姿も目に焼き付いています。

夢の中にいるみたいに、ふわふわとしていた

２０２３年７月12日の夕方、日本にいるマネージャーさんから電話がありました。

ｒｙｕｃｈｅｌｌのことを聞いて、最初に浮かんだのは「何してんねん」のひと言。ああもう、何してんねん。ｒｙｕｃｈｅｌｌ……。そして、とっさに「息子に今は知らせちゃいけない」と思いました。

なんだか夢の中にいるみたいに、ふわふわとしていました。今の状況を理解してくれた、現地で仲良くなったホテルの日本人スタッフの女性が、息子が眠ったあと部屋に来てくれて、わたしを抱きしめてくれたとき、わたしは初めて泣きました。

泣いて泣いて泣いて、少しだけ落ちついたときにその女性が言ってくれたのが、「ｐｅｃｏちゃん、今がいちばん頑張るときだからね」とい

う言葉でした。「つらいね、悲しいね」という慰めの言葉ではなく、「頑張ろう」って背中をばんと叩いてくれるような言葉だったのがわたしにはありがたくて。涙を拭いて、「はい」と答えました。

息子には翌朝、「ダダがしんどくて倒れちゃったみたいだから、とりあえずスクールにはバイバイをして日本に帰ろう」と話をしました。ネットを見ればすでに報道されていたので、「やっぱり本当のことだったんだ」という暗く沈み込んだ気持ちになっていましたが、どうにか息子には察しられないようにしました。

重たい体を引きずるように帰りの支度をしていると、朝方までいっしょにいてくれたホテルの日本人スタッフの女性から「おにぎりを作ったから食べにおいで」と連絡をいただき、息子といっしょにおにぎりをいただきました。そのおにぎりの味は、絶対に忘れることができません。

その後彼女は、息子がスクールにお別れに行くのにも同行してくれて、空港まで送ってくれました。わたし1人だったら何もできなかった。本当に感謝しています。

東京に戻ると、お母さんが大阪から来て待っていてくれました。訃報を聞き連絡したときに「これからはあなたがしっかり息子を守っていくしかないんだから」と言われました。それから1カ月近くずっといっしょにいてくれました。

息子に話す瞬間が何よりつらかった

　息子には、日本に戻って来た日の夕方に話をしましたが、その瞬間がもう、本当に本当に、何よりつらかったです。マネージャーさんから第一報を受けた瞬間よりも、その事実を、ダダのことが大好きな息子に伝えなきゃいけないことが、吐きそうになるくらいしんどかった。わたしの口で息子に伝えた瞬間、本当に現実なんだと実感するのも怖かった。たぶん今まで生きてきた中でいちばんつらい、地獄みたいな瞬間。

「ダダ、いっぱいいっぱいお仕事がんばってくれてたよね。いっぱいいっぱいがんばってくれすぎちゃって、しんどくなっちゃってそのままお空に行っちゃったんだ」

　わたしがそう話すと、息子は驚く気持ちを抑えるためか、最初は笑顔のまま「え、どういうこと？」と言いました。でも30秒くらいして、一気に実感が湧いたのか、「ダダー！」と叫んでうわっと泣き始めました。それから1時間くらい、抱き合って2人で泣きました。

その間も「悲しいよね。ママもだよ。でもママがいるからね。絶対大丈夫だからね」と言葉をかけ続けました。少し息子が落ちついてきた頃、映画『リメンバー・ミー』の話をしたのです。亡くなった人が骸骨の姿になって陽気に暮らすテーマパークのような死者の国を舞台にした、家族の絆を描いたファンタジーは、息子も以前から大好きな映画で。それで、「ダダもきっとあそこみたいなところに行くから、お見送りのためにいってらっしゃいしに行ってあげようね」と話しました。

7月13日、インスタグラムに少し長めの投稿をして、ryuchellの訃報と今のわたしの気持ちをお伝えしました。事務所を通じた内容ではなかったことに驚かれたりもしたのですが、今わたしがやるべきことはこれだから、という思いでした。

２０２２年１月のカミングアウトから、わたしは本気で腹をくくって、新しい家族のかたちについて考えてきたし、できることは全部やってきたつもりでした。わたしは常に「これからもきっと大変なことがあるだろうから、このくらいでへこたれてる場合ちゃう」と自分に言い聞かせ行動してきたのです。わたしが黙っていれば黙っているほど、いろんな憶測が飛び交ってしまう。自分の言葉で投稿をしなくちゃと思いました。ｒｙｕｃｈｅｌｌについて悲しい誤解が広まってしまうかもしれない。それはなんとか食い止めなきゃいけないと。

ブログから活動を始めたわたしにとって、ＳＮＳは自分の居場所という意識もあり、本当の自分を出せる場でもあります。そこに投稿することで気持ちが落ちつくような気もしたし、さらに冷静になれる。だから書かなきゃというより、早く皆さんに現状を、わたしの気持ちを伝えたい、という気持ちでした。

ダダはいつもあなたのそばにいるよ

それからも、息子が死に対して怖いイメージを持たないように気を配っていました。ｒｙｕｃｈｅｌｌが亡くなったことは悲しいし、悲しい気持ちはそのままでいい。だけど、ダダは怖い場所へ行ったんじゃない。いつもあなたのそばにいるし、声も気持ちもちゃんとダダに届くよってことは、今も毎日のように伝えています。

昼間は元気にしていても、夜はどうしても悲しくなってしまうようで、寝る前にしくしくと泣く日が１カ月ほど続きました。

そんなときは「泣いていいんだよ。いっぱい泣いたら、そのあとでママとたくさんぎゅーしようね」と言うと、息子がｒｙｕｃｈｅｌｌの枕を持ってきて「みんなでぎゅーしよう。ダダにいちばんぎゅーしてあげよう」って言うのです。

リビングにはryuchellのお骨と遺影と、家族の写真を置いてあります。そこへ毎朝「おはよう」と挨拶して、その後、ryuchellに話しかけます。寝る前に「おやすみ」を言うときは、「みんなでぎゅーしよう」とお骨や写真を抱きしめます。ベッドの中で「あのときダダがこうだったよね」といった楽しい思い出話もしています。

ある夜、何かの拍子にダダが恋しくなってしまったのか、「ぼくが死んだら、ダダに会える？」と聞いてくれました。わたしは「そうだよ。でもそれは、あなたがとってもおじいちゃんになってから。『リメンバー・ミー』でも、ママ・ココ（主人公の曽祖母）がヘクター（若くして亡くなったママ・ココの父）と死者の国で会えたときは、１００歳のおばあちゃんになっていたでしょ？」と答えました。「それまではダダはずっと近くであなたのことを見ていてくれるし、もしかしたら今もアリソンの頭の上に乗っているかもね」と話したら、喜んでいました。

『リメンバー・ミー』がなかったら、大好きなダダとのお別れを5歳になったばかりの息子にまっすぐ伝えることができなかったと思います。

息子は優しいところがダダそっくり

このあとの本編でも登場しますが、いっしょに暮らしているわんちゃんのアリソンも、今のわたしたちにはなくてはならない存在です。家に2人きりだったら息子もわたしも重い気分になることもあったと思うし、アリソンがいれば気持ちが和らぐ。出会った頃にも感じたけれど、アリソンがうちに来てくれたことは本当に奇跡のようだし、運命だったんだなと強く感じます。

お母さんが大阪に帰ると同時に、わたしたちも何週間か実家に行きました。お姉ちゃんたち家族といっしょににぎやかに過ごすことで、わたしも息子もずいぶん元気をもらいました。

ただ、「大阪に帰る」という選択肢はわたしの中にありません。「海外に移住するのもいいと思うよ」とアドバイスをもらうこともあるのですが、ピンとこないんです。住む場所を変えて心機一転という考え方もあると思うけれど、たぶん余計に寂しくなってしまう気がします。

息子にとっても、ダダがいなくなるという悲しすぎる大きすぎる変化があったのだから、これ以上、今は何も変わらない生活をさせてあげたいと思っているんです。

8月の終わりに四十九日を迎え、リビングの写真の前にはryuchellのお姉さんが沖縄から送ってくれたマンゴーと、ryuchellが好きだったお酒やお菓子などを並べました。ゼリーのお菓子をお供えしたとき、息子が「ダダが食べるからスプーン持ってこなきゃ」と言ったのを聞き、急に涙があふれてきました。

なぜかというと、そういう優しいところがryuchellにそっくりだから。絶対にわたしの遺伝子じゃなく、ryuchellから受け継いだものだと思うから。

「なぜpecoちゃんはそんなに寛大でいられるの？」「pecoちゃんは優しすぎるよ」と言っていただくことがありました。でもそれは違っていて、わたしはそもそも人に対して、寛大でも優しくもありません。堂々と言うことじゃないかもしれないけれど、誰かのために何かをしてあげたいとか、優先順位を人に譲るなんて絶対できないタイプでした。本気で「自分がいちばん。自分がプリンセス」と思って生きてきた人間です。

ryuchellは、「コップに愛を満たそう」と口癖のように言っていました。自分（＝コップ）の中が空っぽだと人に愛をあげられないということの喩《たと》えでしたが、小さい頃から家族に愛され甘やかされて育ったわたしのコップはもともと満タンで、そこにあふれんばかりの愛をさらに注いでくれたのが、ryuchellだったんです。

ありえないくらいの優しさと、誰のことも否定しない包容力と、信じられないほどの共感力。世界の誰よりもわたしのことをわかってくれて、支えてくれて、引っ張ってくれた。もちろんカミングアウト後にはぶつかることも多かったし、頭にくることもいっぱいあったけれど、それでも優しさは変わりませんでした。今までと違ったかたちではあっても、愛情はしっかり感じていました。

ｒｙｕｃｈｅｌｌから注がれた愛

　ｒｙｕｃｈｅｌｌからあふれるくらいに注がれた愛は、今もわたしの中に十分すぎるほど残っています。「新しい家族のかたち」をいっしょに模索していたときも、亡くなってからも、それまでもらっていた愛をわたしは少しずつ少しずつ、返しているだけのこと。自分は寛大とも優しいとも思わないけれど、もし周りの人にそんなふうに見てもらっているとしたら、わたしをそんな人間にしてくれたｒｙｕｃｈｅｌｌのおかげなのです。

　そして何より、愛する息子と出会わせてくれたことに、心からありがとうって思います。息子に愛を注いで、優しさを教えて、全力で「ダダ」をしてくれた。この愛の量は、わたしが一生かかかっても返しきれないくらいの量だと思っています。

最初に知らせを受けたときに感じた、「何やってんねん！」の気持ちは、正直今もどこかに残っています。ほんまにあほやなあって思う。でも責める気持ちも、何かのせいにする気持ちもありません。ｒｙｕｃｈｅｌｌには、空の上から、アリソンの頭の上からでも、安心して見守っていてほしい。息子のことは大丈夫だからね、任せてねって、日々伝えているし、そう思っています。

CHAPTER 1

My Dog

◆ ▼ ■ ●

アリソン

保護犬のアリソンを迎えました

２０２２年８月、わたしたち家族は「新しい家族」を迎えました。雑種犬の女の子、アリソン（Ａｌｌｉｓｏｎ）です。

アリソンを家族に迎えたこの年、わたしたちはいわゆる女と男、夫婦というかたちではなく、これからは人生のパートナーとして、愛する息子の父親、母親として、「新しい家族のかたち」として過ごしていくことを皆さんに発表しました。

その決断について、「すごいね」「よく決断したね」と優しい言葉をかけてくださる方がたくさんいます。

だけどわたしにとって、それは当たり前のことなんです。今までの人生――というにはまだまだ短い未熟者ですが――相当の覚悟で結婚したし、相当の覚悟で息子を出産しました。そしてその家族をこれから守っていくことにも、相当の「覚悟」と「責任」があると思っているのです。

「なのになぜ犬の話から？　家族について、もっと大事な話があるんじゃないの」とどうか思わないでくださいね。

アリソンを迎えようと決めるまでのお話を最初にすることで、きっとわたしの「家族」に対する思いとか、人生——なんていうと大げさかもしれないけれど、生きていくうえで大切にしているものを、ちゃんとお伝えできる気がするからです。

アリソンは、保護犬です。広島にある保護犬施設ピースワンコ・ジャパンから、はるばるわが家にやってきてくれました。

保護犬にも、捨てられてしまった子や迷子になってしまった子、いろんな事情のあるわんちゃんがいます。アリソンは、妊娠中に山から保護された野犬のお母さんから生まれてきたそうです。

インスタグラムに初めてアリソンの写真を上げたとき、フォロワーの方から「大きな手！　きっと大きなわんちゃんになるね」というコメントをいただきました。確かに肉球からめっちゃプリッと大きくて、手肢も子犬にしては長くて立派。生後5カ月（２０２２年11月現在）ですでに体重は10kg近くあったし、このまま成長したら15〜18kgにはなるんじゃないかと獣医さんには言われています。

保護犬はもともと雑種が多いし、アリソンはお母さんがどんな犬かはわかっていますが、親がどんな犬種なのかはっきりしていないことも多いです。だからペットショップにいる純血種の子のように、将来どんな犬に成長するか予想がつかないのです。

アリソンも、最初はぺしゃっとなっていた耳が半分立ってきて、そのうち全部ピンと立つかもしれないし。モコモコの毛並みはもっと長くなるのか、短くなるのか。大きさだって、もしかしたらもっともっと大きくなって、超大型犬に成長するかもしれません。

「どんな犬になるかわからないって、不安じゃない？」と心配してくれる方もいます。だけどわたしは、将来どんなわんちゃんになるか予想ができないことも含めて、めちゃくちゃよく考え、準備をして、これなら大丈夫、責任を持って保護犬を育てられると覚悟ができて初めて、アリソンを迎えようと決めたのです。

大きなわんちゃんを迎えるのが夢だった

子どものときから、わんちゃんが大好きでした。大阪の実家でも、小学校3年生のときからミニチュアダックスフントのドルチェが大事な家族。3人きょうだいの末っ子だったわたしにとって、かわいい弟のようでした。

18歳のときに実家を出て東京で生活を始めてからも、ずっと、「いつかわんちゃんと暮らしたい」と思ってきました。それも大きな子と暮らすのが夢。でも都心のマンションは大型犬がのびのび暮らせるほど広くなかったし、わたしもお仕事や遊びで忙しかったから、今わんちゃんを迎えてもお留守番ばかりで寂しい思いをさせてしまうはず。自分のやりたいことを優先したい間は、まだわんちゃんを迎える「資格」がないと思っていたのです。

保護犬と最初に出会ったのは、21歳のときです。ryuchellとテレビのお仕事を始めて、もう同棲も始めていた頃でした。

志村けんさんが司会をされていた『天才！　志村どうぶつ園』（日本テレビ系列）という番組の、「ぺこ&りゅうちぇると保護犬サリーの物語」（２０１６年放送）という企画で、神奈川県の保護犬施設からサリーという名前の雑種犬を迎えて、わたしたちが1週間、いっしょに暮らすことになったのです。それは「一時預かり」といって、保護施設にいるわんちゃんに一般的な家庭犬の生活をさせてあげながら、基本的なしつけをしたり、人への信頼を育むという活動を体験するという企画でした。

恥ずかしいことに、その企画に関わるまで、保護犬のことも、その子たちの命を守ろうと一生懸命に活動する皆さんがいることにも深い知識がありませんでした。番組では1年かけて、広島や東京の保護犬施設に何回も通って、保護犬についてたくさんお勉強させてもらいました。今でも年間何千頭もの犬が殺処分されていること、ひどい環境で暮らしているわんちゃんがたくさんいることを知ることができたのです。

サリーと出会った神奈川の施設では、飼い主さんが外国へ引っ越すときに置いていかれてしまった子、空き家になった家につながれたまま成長してハーネスが体に食い込んでしまっていた子など、悲しくてむごいお話をたくさん見聞きして、ロケ中ではありましたが、本当に涙が止まりませんでした。

番組でわたしたちがお預かりすることになったサリーは、山に捨てられていたという推定1歳の女の子。実家のミニチュアダックスは小型犬だったので、中型犬は散歩のときに「こんなに力が強いんや」とびっくりしたのを覚えています。

初めてお留守番をしてもらったときは部屋のものがめちゃくちゃになっていたり、クッションから綿を引っ張り出したり、その辺にうんちをし放題にしていたりと苦労もいっぱいあったけれど、日を追うごとにだんだんとサリーが心を開いてくれ、お手やおすわりを覚えてくれた姿は今も忘れられません。

1週間経って保護犬施設へお返しするときに、スタッフの方から「サリーの表情が優しくなった」と言っていただいて、本当に嬉しかったし、誇らしい気持ちでした。

それと同時に、お別れはめっちゃ悲しくて。収録が終わり、サリーをお返ししてから1カ月くらいは毎日泣いてばかり。できることなら、このまま引き取りたいと本気で思ったくらいです。でもわたしたちの環境的にも、サリーを迎えることは現実的ではありませんでした。

企画の最終日に番組へ出させていただいたとき、サリーに新しく素敵な素敵な飼い主さんが見つかったと教えてもらいました。良かったなあって、また収録中に大泣きしてしまいました。

そのときは映像でだけの再会でしたが、わたしが家でもずっと「サリーに会いたい、会いたい」と言い続けていたら、ｒｙｕｃｈｅｌｌが翌年のわたしの誕生日に、サプライズで新しい飼い主さんのおうちまで連れて行ってくれたこともありました。

自然の中の大きなお庭のある家に、サリーよりも以前に引き取られたもう１匹の保護犬と仲良く暮らしている様子を見て、良かったなあって心から思いました。サリーの飼い主さんご夫妻とはその後もちょくちょく連絡を取っていて、今回アリソンを迎えたことも、いっしょに喜んでくれました。

家族が「新しいかたち」になることを考えて

サリーとの出会いがあってから、将来もしわんちゃんを迎えるなら、絶対、保護犬にしようと決めました。

わんちゃんの迎え方には、もちろんいろんな方法があると思います。ペットショップやブリーダーさんを通して幸せな出会い方をする飼い主さんもたくさんいらっしゃるでしょう。

でもわたしは、以前にたまたま入ったペットショップで、「かわいいでしょ」と子犬を抱かせられたことに、すごくモヤモヤしていて。「モノやないんやから無理に押し付けて買わせるのは違うやろ、子犬ちゃんもプルプルふるえてかわいそうやん」と思ってしまってから、街なかのペットショップにはあまり入れなくなってしまったのです。

保護犬サリーの番組に出させていただいた２０１６年の暮れに結婚。

翌々年に息子が生まれてきてくれて、おうちを引っ越すときも大きなわんちゃんが過ごしやすいような賃貸の家を選んでいました。近所にお散歩のできる広い公園があることも、しっかりチェックしておきました。

出産後はテレビのお仕事は少しずつ減らしていたのですが、自分のファッションブランド「Ｐｅｃｏ Ｃｌｕｂ」のディレクターのお仕事は続けていました。仕事のこともあるのと、まだ息子が小さくて手がかかるのに、人間を怖がっているかもしれない保護犬を迎えるのは、まだまだ無理だろうと思って。もう少しガマン、ガマンの時期が続きました。

息子も４歳になることだし、だいぶお兄ちゃんになってくれたことや、「Ｐｅｃｏ Ｃｌｕｂ」も終了して家にいる時間が増えたこともあって、保護犬を迎えることを考えるようになりました。

皆さんに発表する前でしたが、ｒｙｕｃｈｅｌｌからの告白があり、家族のかたちについて話し合っていた時期でもありました。このあと、家族が「新しいかたち」になることも考えて、息子の「妹」か「弟」になってくれるわんちゃんを迎えようとｒｙｕｃｈｅｌｌとともに決心がついたのです。

全国にある保護犬施設では、里親を募集しているという情報をＳＮＳなどで公開しています。まずはそこから「この子がいいかな」と探して、何件か申し込んでみました。でも、すでに引き取り先が決まっていたり、断られてしまったりで、なかなか決まらない時期が続きました。

どうしようかと悩んでいた２０２２年６月、偶然、『志村どうぶつ園』のロケでお世話になった広島の保護犬施設のスタッフさんのインスタグラムを発見しました。そこで、「保護犬を迎えたいと思っているんです！」と連絡をしてみたら、すぐに「お力になれることがあればぜひ！」とお返事をいただけました。

その後のやりとりの中で、スタッフさんが「野犬のお母さんからかわいい赤ちゃんが生まれた」とお写真を送ってくださったのですが、その1枚にわたしは釘づけ。一瞬で「この子！」と思ったのが、アリソンだったのです。

野犬の血が入っているから、人に慣れるまで時間がかかるんじゃないか。ましてや生後2カ月の赤ちゃん犬です。警戒してご飯も食べないだろう、夜はずっと鳴き続けるんじゃないかな。そんな心配もしながら、アリソンをお迎えする当日、ドキドキして到着を待ちました。

ところが、アリソンは到着したその日から「ずっとこの家に住んでましたけど？」みたいにリラックス。ご飯をもりもり食べ、トイレもすぐに覚えてくれました。わたしたち家族にもすぐになじんでくれました。

生まれて2カ月とは思えない大きさですが、中身はむっちゃベイビー。だから、もちろん大変なこともいっぱいあります。でも基本的には、すっごく賢くて良い子。「これはダメだよ」と教えればすぐに覚えてくれます。初めてのお留守番も、めちゃくちゃにされるかなあと覚悟して出かけたのですが、帰ってみるとまったく何の問題もナシ。おりこうさんで出迎えてくれたので、「なんっておりこうさんなのアリソン！」と思いっきり抱きしめちゃいました。

息子にとっては、かわいい妹のような存在です。名前もわたしとryuchellで出した3つの候補から、息子が選んでくれました。お世話も積極的にしてくれるし、良い遊び相手であり、最近ではきょうだいゲンカもします。

わたしが1階で家事をしていたら2階から、「今のはぼくじゃない、アリソンだよ！」「ワンワンワンワン！」みたいな会話が聞こえてきて、何だろうと思ったら「ママー、アリソンがおならしたー」って、おならをどっちがしたかのなすり付け合いをしていたのです。そのやりとりがなんともおかしくてかわいくて、１人でくすくす笑ってしまいました。

子育てといっしょで、甘いのはダダ、厳しいのはママ。アリソンがいたずらしてもｒｙｕｃｈｅｌｌはぜんぜん怒らないし甘やかすから、アリソンは「ダダ大好きー」って感じです。

結婚も出産も……「覚悟」を持って決めた

結婚し、息子が生まれてきてくれて、これから新しい家族のかたちになっていくと決めた中で迎えたアリソンも、大事な「家族」です。

わたしは、大好きな人、家族とずっといっしょにいるために、何をしたらいいかを真剣に考えて、軽い気持ちではなく、いつも覚悟と責任を持って選んできました。大好きなｒｙｕｃｈｅｌｌと結婚すると決めたときも、息子を出産したときもそうです。

わたしはすごく短気だし、イライラを感じてしまうポイントもめちゃくちゃ多い方です。だから、何か決断するときは、最初からマイナスなことをたくさん想像しておきます。アリソンを迎えたときも、結婚したときも、息子が生まれてきてくれたときもそうで、いっぱい覚悟をしていました。そうすればちょっとしたトラブルは全部受け止められるし、何か問題が起こっても、トータルで見れば「ぜんぜん大丈夫だった！」と思えるのです。

　ｒｙｕｃｈｅｌｌを尊敬するところはたくさんありますが、「ほんまにすごいな」と思うのはその共感力。尋常じゃないくらい人に寄り添っていっしょに考えられる力は、本当にただ者ではないと思います。

　わたしたちはすごくぴったりなところも多いけれど、性格としては正反対。わたしは、２人のＹｏｕＴｕｂｅに寄せられた相談にも「よくわからんなあ」「そんなん悩んでてもしょーがないやろ」ってばっさり切り返してしまうことが多かったと思います。

　でもｒｙｕｃｈｅｌｌは、相談者さんの悩みをどうにかかわろうとするし、心から共感して、いっしょに悩んであげられる。それが無理なく自然にできてしまうところが、本当にすごいと思います。

ｒｙｕｃｈｅｌｌからの告白で、ｒｙｕｃｈｅｌｌが小さいときからいろいろな経験をして、たくさんの複雑な思いを重ねてきたことを初めて知りました。「自分をわかってほしい」という気持ちと、「やっぱりわかってもらえない」というあきらめを行ったり来たりする中で、あの尋常じゃない共感力は養われてきたんだろうなということも——頭の中でカチャッとパズルのピースがはまるように理解できたような気がしたのです。

「人のことを抱きしめるタレントでいたい」という思いは本物だと思うし、それができる人だと信じています。

共感力がめちゃくちゃ強いということは、裏を返せば、何かの影響をめちゃくちゃ受けやすいということでもあるのかなと。

以前からわたしがｒｙｕｃｈｅｌｌによく言っていた言葉があるんで

す。「それは気持ちの問題やで」という言葉。

気持ち次第で、宇宙の果てまで羽ばたけるくらいに元気になったり、地の底までどんより落ち込むのがｒｙｕｃｈｅｌｌ。今日は満月だとわかると調子が悪くなり、頭が痛いときは、薬を飲み込んだその瞬間に「治った！」と言うことも多かったので、いつかラムネを「薬やで」と渡してみても治るだろうなと思うほどでした（笑）。

一方、わたしは気合で乗りきるタイプ。多少具合が悪いくらいなら「大丈夫、わたしは元気！」と言い聞かせてなんとかしようとするところがあります。

「ｐｅｃｏちゃんは強いね」と言っていただくけれど、それはやっぱり息子がいるから。特に息子がスクールに行くようになってからは、「ここで倒れるわけにはいかない」と気を張っていたように思います。

この先もっと大変なことがあっても大丈夫

ｒｙｕｃｈｅｌｌからの告白を受けて、わたしたちは長い時間をかけて話し合い、「新しい家族のかたち」になったことを皆さんに向けて公表しました。それからもまだたくさん話し合って、ぶつかって。その過程は本当にしんどいことだらけで、今でも涙があふれて止まらない夜があります。

もうだめかもしれない、立ち上がれないかもしれない。でもこのままじゃいけない、頑張れ自分！　と思うときに、こう心に言い聞かせてきました。

「絶対にこの先もっと、これ以上に大変なことがあるはずだよ」と。

どうしてそんなネガティブな想像をするのかと、不思議に思われるかもしれません。でもわたしは、これくらいの覚悟がなければ今の状況を乗り越えられないと思うのです。今回のこと以上につらいこと、大変なことが今後の人生ではきっと起きる。

「だから、これくらいのことは大丈夫。乗り越えられる」

そんなふうに、自分で自分に言い聞かせています。


考えたくもないことですが、立ち上がることができなくなるくらいのことが起きる可能性だってゼロではありません。そのようなことが起きても、母親として息子を支えていける強さを持っていなきゃいけない。だから今、ここでへこたれてるわけにいかないと思うのです。

今回の出来事が起きるまで、わたしは本気で落ち込むということがありませんでした。それは、悲しみとかつらい気持ちを全部怒りに変えてしまうから。

すごく小さいことだと、机の隅に足をぶつけたとしたら「わたしったらなんてドジなの？」と思うことはありません。それよりも「誰やねん、こんなところに机を置いたのは！」と――たとえ自分が置いたとしても、過去の自分のせいにして、ツッコミを入れて発散するのです。

今も怒りというか、「なんやねん」って気持ちが前向きなエネルギーになっています。告白を受けた翌朝、朝まで泣いて、ほとんど眠れなかったわたしを、ryuchellは「昨日はびっくりさせてごめんね、大丈夫？」と心配してくれました。内心では「誰のせいやと思ってんの」というツッコミを入れたい気持ちもありました。

ryuchellは、「良き夫」という役割がしんどくなってしまったと打ち明けてくれました。それも、「家事や育児にどんどん参加する男性」という役割に、ryuchell自身が無意識のうちにそのイメージを背負い込んで、抱えきれなくなったのではないかと想像ができました。

そこへ自分の性の問題もからんでしまったから。ありがたいことにＬＧＢＴＱに関するお仕事が多くなったり、自分の本を出すことでそれまでの人生を振り返る時間が増えて——周囲からの影響を自分の中に深く取り込んだことから——比嘉龍二とｒｙｕｃｈｅｌｌの間にある溝であったり、「夫」である自分への違和感が少しずつ大きくなったのかもしれないと感じています。

そんなｒｙｕｃｈｅｌｌと出会う前のお話、出会ってからこれまでのお話、息子の子育てについてなど、いろいろとつづってみたいと思います。

CHAPTER 2

My Childhood

◆ ▼ ■ ●

わたしが好きなもの

大阪の昭和な大家族

わたしは大阪府堺市の出身です。「こってこての大阪」な環境で育ちました。

家族はお父さんとお母さん、11歳上のお兄ちゃん、6歳上のお姉ちゃんがいます。わたしが高校生のとき順に亡くなってしまったのですが、母方のひいおばあちゃんとおばあちゃんもいっしょに住んでいました。子どもの頃はけっこうな大家族でした。

年の離れた末っ子だったわたしは、家族みんなに甘やかされて育ちました。わたしが「やりたい」と言ったことを家族に「ダメ」と否定されることは一度もなかったぐらいです。

たとえば、わたしは子どもの頃から焼肉が大好きだったのですが、「今日は外で焼肉が食べたい」と言うと必ず連れて行ってもらえました。おしゃれに興味が出てきた幼稚園の頃に「ネイルサロンに行きたい」と言ったときも、反対されませんでした。

以前にテレビで実家を紹介したことがあるのですが、応接間に亡くなったおじいちゃんの銅像があるというのでだいぶ驚かれました。そのおじいちゃんが興した会社を、おじいちゃんが亡くなったあとはおばあちゃん、次にお母さんが名義上は継いでいます。

お父さんは、お母さんと大学で知り合って結婚し、その後おばあちゃんが社長をしていた会社に入ったと聞いています。

お父さんは、昭和の亭主関白というのがまさにベストな表現だと思います。見た目もいかつくて、スキンヘッドにヒゲを生やし、ファッションはデニムにごついレザージャケットが定番。

何かの催しがあり警備が厳しくなっているときなどは、新幹線のホームで警察の人から「ちょっとお話いいですか？」と声をかけられたこともあるらしく（笑）、そんな雰囲気があります。

車は派手なものが好きで、若い頃の趣味は磯釣り。そんなところが「ザ・昭和」だなと思っていました。寝室には、大きなサメの歯や魚の模型が飾ってありました。

他には、文章を書くのも好きで、わたしにもよくメッセージを送ってくれます。絵を描いたりピアノを弾くのも上手です。わたしが踊ることや歌うことが好きだったり、こうして文章を書いたり、デザインやファッションなどものづくりを続けているのは、お父さんの遺伝子の影響もあるのだろうと思います。

会社では営業的な仕事が多かったためかいつも忙しくて、出張や単身赴任で家を空けることも多かったと思います。たまに帰ってくるときは、「お父さんが帰ってくるぞー」と家族全員でピリッと緊張して出迎えます。末っ子のわたしはほとんど怒られることがなかったのですが、一度だけ、お父さんが帰ったときに「おかえりなさい」を言わなかったことでむちゃくちゃ怒られました。

行儀や作法にも厳しくて、よく「人前で足を組むもんじゃない」と言われていたこともあり、テレビに出させていただくときや、他のお仕事でも決して足を組んだりしないようになりました。食事をするときも厳しくて、お箸の持ち方や置き方、魚の食べ方について教えられました。そのことは、子育てをする今になってみるとすごくありがたかったなと思います。そんな、厳しくて見た目もいかついお父さんですが、昔から子どもやわんちゃんには本当にやさしくて、今でもわたしたちや孫のわがままを聞いてくれるお父さんです。

お父さんが「昭和の亭主関白」なら、お母さんは「昭和のザ・専業主婦」。朝から晩まで家のことで忙しく、家の中はいつも掃除がゆき届いていてぴかぴかでした。

わたしが小学校に上がった頃、友だちの家に遊びに行き、靴下を脱いで上がらせてもらったとき、足の裏にゴミがついたことに驚いたことがあります。これまでそんなことがなかったからです。

それくらい、お母さんが掃除をしてくれていたのだと思います。わたしは残念ながらその血をぜんぜん受け継いでいないので、家の床はアリソンの毛だらけですが……。

すごく賢いしっかり者のお母さんに思われそうですが、性格的にはめちゃくちゃ天然で、家族からも愛されていました。よく言えば気にしない、悪く言えばおおざっぱで適当。「それくらい大丈夫。いけるんとちがう？」というのが口癖で、典型的な「ザ・大阪のおばちゃん」です。お笑い芸人の中川家さんがされている「大阪のおばちゃん」のものまねは、わたしのお母さんがモデルかなと思うほどです（笑）。

ファッションに関しては、「わたしと本当に親子？」と疑いたくなるくらい、まったく無頓着。

普段は洗濯乾燥機から出したばかりの服をそのまま着て、サンダルで気にせず出かけてしまう。授業参観日くらいはおしゃれをしていましたが。

社長だったおばあちゃんから譲られたバーキン（エルメスのハンドバッグの一つ）を持っていて、出かけるときのバッグはいつもそれでした。そこに、映画『トイ・ストーリー』に出てくるブタのキャラクター、ハムのキーホルダーがぶら下がっていました。友だちには、「てこ（友だちからの呼び名）のお母さん、めっちゃウケる」と、ある意味で評判のお母さんでした。

めちゃくちゃおしゃれなおばあちゃん

お母さんにバーキンを譲ったおばあちゃんは、めちゃくちゃおしゃれな人。たぶんわたしのおしゃれ好きは、100%、おばあちゃんの血を受け継いでいるのじゃないかなと思っています。

お母さんは授業参観などに行くときなど年に数回しかメイクをしなかったのですが、反対に、おばあちゃんは「お化粧しないで外出するなんて絶対に無理！」という人でした。

家にいるときでもいつでも、毎日長い髪をぴちっと編み込んで、真っ赤な口紅をつけて、エルメスのスカーフを首に巻いていました。おばあちゃんのクローゼットの中は、お洋服からバッグから靴からアクセサリーまで、本当にうっとりするくらい素敵なものがそろっていたのを覚えています。

家の中でもおばあちゃんのお部屋だけはとてもガーリーで、置いてある家具もインテリアもかわいくて大好きでした。

素敵なアンティークドールやガラスの彫刻を戸棚いっぱいに飾ってあって、大事にしている人形を一つずつ取り出して見せてくれるのが楽しみでした。わたしはハイブランドのものが好きというわけではないので、おばあちゃんが好きなファッションと種類は違うかもしれませんが、何かを「かわいい」と思う感覚、そしてそれを追求する感覚は、共通していると思いました。

おばあちゃんは若い頃から日本舞踊を習っていて、先生としても教えていました。踊りが好きだったせいか、わたしが４歳からクラシックバレエを始めたいと話したときに、家族の中でいちばん最初に応援してくれたのもおばあちゃんでした。

バレエで学んだ「覚悟」と「責任」

バレエは4歳から高校1年生まで続けていました。中学・高校では部活にも入らないで、バレエを習っていました。多いときには週7日、ひたすらバレエ教室に通っていました。

小学校4年生のときに、関西地区でオーディションが行なわれることになり、合格した人は東京で『眠れる森の美女』の大きな舞台に出られるということでした。オーディションに参加したところ合格し、その舞台に出る機会に恵まれました。

合格して本当に嬉しかったし、毎日練習にも励んでいたのですが、舞台の指導にあたる先生が、熱心だった反面、『千と千尋の神隠し』の湯婆婆を連想してしまうくらいむちゃくちゃ厳しく怖い人でした。それは、バレエ一筋に打ち込んできたわたしが、生まれて初めて「バレエなんてやめてしまいたい」と思うくらいの厳しさでした。

厳しい練習、リハーサルが続いたある日、稽古場に向かおうと家を出るとき、「もうバレエやめたい」と、お母さんに打ち明けたのです。


少し前にも書きましたが、わたしは末っ子ということもあり、家族の中で本当に甘やかされて育ち、「やりたい」と言ったことを家族に「ダメ」と否定されることは一度もありませんでした。だから、バレエを「やめたい」こともきっと受け入れてくれるだろうと思っていました。

お母さんは、バレエのお稽古には必ず送り迎えをしてくれていました。だから、わたしが厳しい指導でへこんでいる姿も見て、状況も知っているはずだから、「バレエをやめたい」と言っても反対されないだろうと思っていました。いつものように、「しゃあないなあ」と笑って許してくれるだろうと思って、お母さんに「バレエをやめたい」と言ったんです。

お母さんは、「バレエをやめたいのだったら、それでも構わない」と言いました。でも、続けて、「ただ、今回あなたが自分でこの舞台に『出ます』と言って、その計画で舞台が進んでいる以上、迷惑をかけてはダメ。最後までやり遂げるようにしなさい」と諭《さと》してくれたのです。

そのときはお母さんの言葉の意味を深く理解できませんでしたが、たぶんお母さんは「自分一人だけではなく、他の誰かといっしょに何かを進めているとき、自分だけの都合でやめてはいけない。自分で決めたことに責任を持つべき」ということを教えてくれたのだと思います。

わたしはそれまで、何もかも自分の思い通りにすることができていましたが、そのとき初めて、何かをするときにはそれなりの覚悟が必要で、やると決めたからにはやり遂げる責任があるのだということを学んだような気がします。

やると決めたからにはやらなくちゃ。そう心に決めたわたしは、その後の厳しいお稽古にもなんとか耐えて、東京での舞台を無事にやりぬくことができました。その後、バレエは高校生のときにやめることになるのですが、オーディションで集まった人たちといっしょに大きな舞台で踊れたことは素晴らしい充実感で、その体験があって、バレエのことがもっと大好きになりました。

もしあのときお母さんに、「途中で舞台を降りてもいいよ」と言われてやめていたら、わたしは中途半端なまま、わがままで甘えん坊のままで、きっと何も気がつかなかっただろうと思うのです。

バレエを始めたときは、通っていた教室の発表会で主役になることがいちばんの目標でした。それは中学1年生のときに実現できました。

その頃はだんだんと友だちと遊ぶことも楽しくなってきた時期でし

た。週７日通っていたのを少しずつ減らし、高校のときに完全にバレエをやめることになりました。

今でもバレエはずっと大好きです。息子が少し手がかからなくなってきた３、４歳のときにバレエを再開し、バレエスタジオに通うようになりました。

再開したての頃はレッスンが終わるとひどい筋肉痛で、２〜３日はまるで子鹿のような歩き方でいましたが、最近は柔軟性も少し取り戻し、なんとか体も動くようになってきました。家でも、家事をしながら踊ったりしています。

息子に、「ママが子どものときの舞台だよ」と主役をさせてもらった発表会のＤＶＤを見せたら、「ぼくもやってみたい」と言ってくれました。そこで、２歳10カ月から子ども向けのバレエ教室に通っています。

息子はミュージカルやショーを観るのも好きなので、バレエは楽しんでくれているみたいです。ただ最近は、通っている学校のアフタースクールでヒップホップ・ダンスを習い始めて、圧倒的にそっちに興味が出てきたみたい。ディズニーランドのショーも大好きなのですが、将来の夢を聞くと、「ショーに出るお兄さんになりたい」と言っています。

　姿勢が良くなるし、礼儀も身につくと思うので、バレエをやるといいことずくめです。わたしも経験したように、厳しい練習を経て根性もつくと思うので、息子にはできる限りバレエを続けてくれたら嬉しいなと思っています。

ファッションの目覚めは「あゆ」

お兄ちゃんとは11歳も年が離れているので、子どもの頃はいっしょに遊ぶことも少なかったです。でも、とてもかわいがってくれました。わたしも、とても大好きでした。

お兄ちゃんは高校生の頃からダンスを始めていて、いっしょにダンスやバレエの舞台を観に行ったりしたこともあります。現在も講師として活動しているので、クリエイティブな面では話も合います。わたしの仕事をわかってくれる、素敵なお兄ちゃんです。

6歳違いのお姉ちゃんにもたくさんかわいがってもらいました。お姉ちゃんはすごく真面目で頭がいいから、わたしにも熱心に勉強を教えてくれたし、宿題も手伝ってくれました。それがありがたい反面、「もうほっといて！」と生意気なことも思っていました。

そんなお姉ちゃんと本当に仲良くなったのは、お互いに子どもができてからだったような気がします。お姉ちゃんは子どもが大好きで、大学を出てから幼稚園の先生をしていました。

結婚してからは2歳違いで4人の子どもに恵まれて、今もまだ「もう一人欲しい」と言ってるくらいの子ども好きなんです。本当にいいママだと思います。わたしの息子も、わたしのお姉ちゃんのことが大好きです。

離乳食の相談などにもたくさん乗ってもらっていました。今は実家で両親と同居しているのですが、お姉ちゃんの2人目の子どもが息子と同い年なので、実家に帰ったときにはいとこ同士、大騒ぎして遊んでいます。

上に兄弟がいる人は、お兄ちゃんやお姉ちゃんのファッションを真似ておしゃれに目覚める人が多いのかもしれません。でもわたしの場合、それはまったくありませんでした。

わたしがファッションを意識し始めたのは、３歳か４歳の頃だったと記憶しています。

テレビで歌手の浜崎あゆみさんが歌っている姿を見て、衝撃を受けたんです。ちょうどデビューアルバムの『A Song for ××』が約１４５万枚の大ヒットになって、あゆのファッションやメイクを真似する女の子が急増した頃だったと思います。

わたしも「あゆになりたい！」と思って、当時あゆが付けていたモフモフの毛のしっぽを真似して付けたり、カウボーイみたいな大きな帽子や厚底の靴をお願いして買ってもらったりもしました。

あゆと同じ、大きなフープピアスを付けたかったのですが、まだピアスの穴が開いていなかったので、ヘアゴムを耳にセロテープでくっつけてみて、鏡の前で「どうも違う」と首をひねったり。

お母さんにねだって、ネイルサロンにも連れて行ってもらいました。「あゆと同じネイルにしてください」と言って、ちっちゃい爪にヒョウ柄のネイルにしてもらって。嬉しくて、ネイルがくっつかないよう、両手を上げて家まで帰ったのを覚えています。

浜崎あゆみさんをきっかけに、ファッションがどんどん大好きになりました。

わたしが幼稚園の頃は、周りにそんなファッションをしている子は一人もいませんでした。それがわたしにとっては、すごい快感だったのです。

その後小学生になり、周りのクラスメイトは近所のスーパーで買った服を着ている子がほとんどでしたが、わたしにとっては近所のスーパーで買うのは「ありえない！」。

おばあちゃんが海外でお土産で買ってきてくれたお洋服や、6歳違いのお姉ちゃんが好きだったブランド「ローリーズファーム」で、お姉ちゃんが買い物するときにいっしょにわたしの服も買ってもらったりしていました。周囲の友だちとは違うテイストだったと思います。

その頃から、人と同じ服を着ることや、同じ髪型にすること、持ち物が誰かといっしょになることが、嫌でたまらなくなりました。ささいなことで言えば、図工の時間に絵を描く課題を与えられたときに、人と同じ絵は絶対に描きたくない。そう思っていました。小学生の女の子ってよく、「それかわいい。おそろいにしよう」みたいになることもありますが、それも許せなかったです。

憧れは80～90年代のアメリカのティーン

わたしが好きなファッション、こだわっている部分は、かれこれ10年ずっと変わらなくて、80～90年代のアメリカの女の子がしているファッションです。

テレビドラマも、80～90年代のアメリカを舞台にした作品が大好き。

いちばん最初に夢中になったのは、『フルハウス』（1987～1995年にかけてアメリカ・ABCテレビで放送されたシチュエーションコメディ）。

10代のときは、ドラマの中のファッションやインテリアの世界観のかわいさに夢中になり、好きなエピソードやファッションの参考にしたいシーンがある回を繰り返して見ていました。

息子を育てるようになってからは複雑な「ファミリーとしてのお話」

を味わえるようにもなってきたと思います。今も繰り返し見ていて、パパのダニー（3人の娘を残して最愛の妻が亡くなり、親友ジョーイと義弟ジェシーの協力を得て男手だけで子育てをしている）のちょっとした気のきいた台詞などに、いつも、うるっと涙を流しています。

ビバヒルのケリーに憧れていた

そして、ｒｙｕｃｈｅｌｌも大好きな『ビバリーヒルズ高校白書』（１９９０～１９９３年にかけてアメリカ・ＦＯＸ系列で放映された青春テレビドラマ。略称はビバヒル）も大好き。ビバヒルに出てくるファッションは、今もずっと参考にしています。

少し年上のママ友に、「ｐｅｃｏちゃんって、ブレンダ（主要人物の１人）みたいだよね」と言ってもらえてそれはそれはすごく嬉しかったのですが、10代の頃はケリー（全シーズンに出演する主要人物。上流階級の娘で不良っぽい美少女）に憧れて、髪型からファッションまで真似をしていました。

『クルーレス』（１９９５年、アメリカで製作された青春コメディ）という映画も大好きで、登場人物の高校生たちが着ていた、ポップで色鮮やかなプリーツスカートやぴったりめのトップスが着たくて、一生懸命に似た雰囲気のものを古着屋さんで探したり、当時の自身のブランドで作ったりもしました。

日本のドラマでは『東京ラブストーリー』（柴門ふみ原作で１９９１年からフジテレビ系列で放映されたドラマ）のリカ（ドラマ版の主人公。鈴木保奈美さんが演じた）のファッションも大好きです。

当時の肩幅を強調したような逆三角形のシルエットが新鮮で、そのシルエットがなぜか大好きなんです。でも、今発売されている洋服はそういう洋服は少なくて、古着を探すようになりました。自分のブランドでも、２０２０年代なのに肩パットを入れたお洋服を作ったりしていました。

映画は他にも好きなものはたくさんあります。『ヘアスプレー』（２００７年、アメリカ・イギリス製作のミュージカル映画）は舞台が１９６０年代ということもあり、自分が好きなファッションのテイストとはまた少し違うのですが、世界観が大好きな映画です。

　黒人差別を批判する内容や、イケメンのスーパースターがぽっちゃりした女の子と「釣り合わない」と言われながらも結ばれるというお話が素敵だなと思いました。息子の名前も、その男の子の名前から取りました。『ヘアスプレー』は、ｒｙｕｃｈｅｌｌとわたしにとって思い出深い、大切な映画です。

　そして、ディズニー映画も大好き。人生でいちばん多く観た映画はアニメ版の『アラジン』です。本当は貧乏な泥棒のアラジンが「王女ジャスミンにぴったりの王子様」と誤解され、本当のことが言えず、一度は別れを告げようとするのですが、ジャスミンが「それでもいい」と受け入れる。なんだかアラジンがｒｙｕｃｈｅｌｌと重なってしまうような気もしますが（なんて言ったらジャスミンに怒られちゃうかな〈笑〉）、アラジンの勇気とかっこよさは、今も大好きです。

古着が好きになったきっかけ

古着を着るようになったのは、中学2年か3年生くらいのときだったと思います。最初はそれほど年代とか気にしていなかったのですが、流行りのファッションにはまったく興味がなく、ドラマや映画のファッションを見ているうちに、「わたしが大好きなのは、いつも見ている80〜90年代のドラマや映画のファッションなんやなあ」とわかってきたんです。

そこでまずは大阪にある古着屋さんの「ＷＥＧＯ」や「ＳＰＩＮＮＳ」に通い詰めて、自分の好きなものを探していました。

中学の頃から雑誌『Ｚｉｐｐｅｒ』（原宿系を代表するファッション&カルチャーマガジン）が大好きでした。原宿に行き、声をかけてもらうようになり、誌面に取り上げてもらったこともあり、心の底から嬉しかったです。

当時はネットで洋服を見つけたり、映画やドラマのファッションのコーディネートを参考にすることがまだあまり一般的ではなかったような気がします。独特な着こなしとかおしゃれなヘアスタイルをした人のスナップがたくさん載っていたので、『Zipper』はわたしにとって、教科書のような存在でした。

古着と合わせて着ていたのは、大好きだったブランド「Candy Stripper」と「Katie」。両方とも『Zipper』で知って憧れるようになりました。

決して安いお洋服ではなかったので、お金がかかりました。高校生になって、大阪から新幹線で東京に行くことが許されるようになり、憧れだった原宿の古着屋さんにも行けるようになりました。原宿を歩くのは本当に夢みたいで楽しかったです。

交通費と洋服代のお金を出してもらって東京に買いに行っていましたが、一度調子に乗って洋服を買いすぎて、東京駅までの電車賃が足りなくなって、東京に住む親戚のおばさんに原宿まで来てもらったこともありました（笑）。

ブログ、ＳＮＳでつながる仲間たち

今もインスタグラムやＹｏｕＴｕｂｅなどで積極的に発信していますが、わたしのＳＮＳデビューは中学生のとき。１年のときに、まずホムペ（携帯電話を使って作れる個人のホームページ）を始めました。国語が得意で、作文も好きだったので、日記みたいに自分の思っていることを書くことが楽しくなっていったんです。

周りの同級生たちもやっていました。でも、みんなは遊びに行ったときのプリクラをアップするくらいで。わたしはけっこう本気でかわいいフリー素材を探して加工し、デコレーションした文字を駆使して、「見て楽しい」ページ作りに命をかけていました。

日記も毎日更新して、その日のファッションを自撮りしてアップすると、だんだん見てくれる人が増えていきました。

小学校はもちろん、中学になってもリアルでは自分とファッションの趣味が合う子が周りにいなかったから、ネットを介して「今日のコーデもかわいいです」とコメントをもらうのも、楽しみの一つでした。

自分は今まで「人とぜんぜん違うものが好きで、〝人と違っている〟ことが好きで、変わっているのかな」と、ある種あきらめみたいな気持ちも少しあったのですが、自分と似た感覚の人が日本中にこれだけいるんだということがわかったし、見ず知らずの人ではあっても、「つながっている」気持ちになれて、すごく嬉しかったのを覚えています。

中学３年から始めたブログは、それから約８年、息子を妊娠中まで一日も休まず続けました。

中学３年でブログを始めて、今はインスタグラムを中心に発信を続けています。フォローしてくださっている方の中には、もうずっと長いことわたしを応援してくださっている方もいます。

インスタグラムで「新しい家族のかたちになる」と発表したとき、その中の一人の子が「何度読んでも2人が何をしたのかよくわからなかったけれど、pecoちゃんが選んだ道ならわたしは応援するよ」という優しいコメントを書き込んでくれました。逆の立場だったら、こんな優しい言葉がかけられるだろうかと思いました。

長い間ＳＮＳを続けていて、「今日の服もかわいいね」などコメントをもらうことが、どこか日常になってしまっていました。だけどそれは決して当たり前のことじゃないし、わざわざ「わからないけど応援するよ」と伝えてきてくれることは、本当にありがたいことなんだって実感しています。それは知らない間に、めちゃくちゃわたしのパワーになっている。そんな皆さんと出会えていなかったら、今のわたしはいないと思います。ずっと続けてきて良かったなあと思っています。

周りと同じ格好が耐えられない！

中学からは、お兄ちゃん、お姉ちゃんも通った私立の中高一貫校（四天王寺羽曳丘《はびきがおか》中学校・高等学校）に通いました。仏教系の学校だったのですが、とにかく校則が厳しかったのです。

そもそも周りと同じ格好をすることが耐えられない性格なのに、制服を少しでもかわいく着たいとアレンジすることさえ許されませんでした。髪を染めるのはもちろん、前髪が眉にかかるのも禁止。髪の毛を後ろで結ぶのはいいけれど、横で片結びにするのはダメなど、めちゃくちゃ細かく決められていたんです。年頃の女の子だったら、フェイスラインを隠す目的で、横顔に少し髪を垂らしたいものなのに、それも禁止。そこで、「どうやったらわたしだけの個性を出せるんだろう」と必死に考えました。

ちょうどバレエの公演で主役をやり遂げ、バレエへの熱が落ち着いていたこともあり、それまで長く伸ばしていた髪をばっさり切ることにしました。まずボブにして、次にマッシュにしていきました。

当時は木村カエラさんぐらいしかそこまで短くしていなかったのではと思うくらい、前髪をパツパツに短く切りました。校則で「眉にかかるほど長くする」のは禁止でも、「すごく短い」のは禁止されていませんでしたから。

スカートも短くすると怒られるので、逆に極端に長く、足首まである丈に改造していました。

そんなふうに、人と違うスタイルで、自分らしさを出す方法を毎日のように必死に考えていました。筆箱一つ、鉛筆一本でも、誰も持っていないものを選ぶとか。

そんなことをしているうちに、学校生活もだんだん楽しくなっていきました。いろいろな制限がある中で自分の個性をどのように発揮し、表現していけるかというのは、そのとき身についたのかもと思っています。

校則のない自由な学校もいいと思います。そこで個性を身につける人もたくさんいると思います。

わたしが、厳しい中学・高校生活で学んだことは、人生の中で、特に自分がつまらないと感じる場所で、我慢しなければいけないことや、社会に出たときに制限されることもたくさんあるということ。その中でどうにか試行錯誤していく方法をいつも真剣に考えていました。

内部進学で高校に上がると、海外のお人形さんのようになりたかったので、髪をブロンドに染めてしまいました。もちろん校則で髪を染めることは禁止だったので、先生に見つからないように、黒髪のウィッグをかぶって学校へ通っていました。人工毛の安いものだとウィッグだと見破られてしまうから、人毛で作られた本格的なウィッグをお母さんが専門店で買ってくれたのです。

そういうところも、お母さんは合理的というか、度胸がありました。

「見つからなければいいんとちゃう？」という考え方。

お兄ちゃんは日焼けサロンに通うなどかなりやんちゃな方で、お姉ちゃんも、勉強はできるけど校則は守らない。そんなこともあり、お母さんも、すでに学校や先生との付き合いにある程度慣れていたということもあったのかもしれません（笑）。

よくできたウィッグのおかげでしばらくは大丈夫だったのですが、中学生のときに始めたブログがたくさん読んでもらえるようになって、上位にランキングされ、アクセス数も増えたことから、高校3年のときに先生たちにもブログを見られ、ウィッグがバレてしまいました。

担任の先生はそれこそ「リアル金八先生」みたいな本当に良い先生で、見て見ぬふりをしてかばってくれましたが、学校には何かとわたしを目の敵にしていた女性の先生がいて（笑）、その先生からの追及を受け、担任の先生も、わたしを注意せざるをえなくなりました。

他にも、ちょこちょこ校則を破っている子はいたのですが、おとなしい真面目な子は注意されず、わたしのような子が集中的に厳しく叱られていました。そのことに納得がいかず、職員室に「なんでわたしばかり言われるん！」と泣きながら訴えに行ったこともありました（笑）。

そんなこともあって、すごく気に入っていた金髪を染め直さなければならなくなりました。

そのときは本気で学校をやめてしまおうと思いました。大好きな友だちはいるし、勉強もけっこう得意な方だったと思います。

でも、自分の好きな格好ができない場所に、これ以上我慢して行く意味がどこにあるんだろうと、その頃は未熟だったので、そう思ってしまいました。

そこで、お母さんに「もう行きたくない」と言うと、「休んでいいけど、留年だけはしないようにしなさい。卒業できるように、出席日数を各教科、自分でちゃんと計算しなさい」という答えでした。

お母さんにそう言われて、すぐにやめることを思いとどまりました。たとえば、国語や数学は授業の回数が多いから休めるけれど、音楽や体育は授業が少ないから休まないようにする。登校する日を自分で決めて、欠席した授業を自分の手帳に「正」の字で付けて、単位を落とさないようにしていました。そのようにして、なんとか高校3年までをやり過ごし、無事に卒業することができたのです。

厳しかった先生には、卒業式の当日にウィッグをずらして、ちらっと金髪を見せつけちゃいました。先生は「あら、(染め直していないのは)知ってたわよ」と笑っていましたけど。

担任の先生とは、何年か前にテレビ番組の企画で再会することができました。そのとき、「この子は本来できる子だ。絶対に何かになるってわかっていた」とひそかに応援してくれていたのを知って、すごく嬉しかったのを覚えています。

原宿こそがわたしの居場所

中学・高校とずっと仲良しだった友だち8人グループは、今でも年に何回か集まるくらい仲良しです。でもわたしと同じようなファッションが好きな子はその中にいませんでした。ファッションの話が合うのは、やっぱり、ブログやツイッター、インスタグラムを通じて知り合った人たちでした。

そこで、「大阪を出て、東京に行って同じような趣味の人に出会いたい」という思いがだんだん強くなっていきました。それはやっぱり原宿。中学の頃から大好きだった『Ｚｉｐｐｅｒ』の街角スナップに載せてもらうのがわたしの夢であり、目標でした。

初めて1人で原宿に行ったのは高校1年生のとき。東京にしかないお店にどうしても行きたくて、お母さんに頼んで交通費を出してもらい、

１人で新幹線に乗って東京に向かいました。

原宿の駅に降りたときはむちゃくちゃテンション上がりました。「ここだよ！　わたしがいるべき場所は！」と思いました。そして、「もっといっぱい来なくちゃ」と思いました。

それからは月に１回か２回、日帰りで原宿へ行くようになりました。長いお休みに入ると、学校の友だちといっしょに東京ディズニーランドに行くようにもなったのですが、その後わたしだけ原宿に寄って買い物するといったルーティーンが続きました。

その頃には『Ｚｉｐｐｅｒ』の方に声をかけていただき、時々載せていただくようになっていました。本当はいけないのですが、出席日数を稼ぐためにたまに学校へ行き、周りの友だちがみんな受験モードで勉強している間も、「わたしはここで机に向かって勉強しているより、原宿に行って街を歩いていた方が自分のためになる」と本気で思っていたのです。

当時、東京で何がしたいとか、自分がどうなりたいというはっきりしたイメージを持っていたわけではありません。ただ「原宿で、自分と同じように、自分だけのおしゃれを楽しむ人といっしょに時間を過ごしたい」というばくぜんとした思いがありました。

今思うと身勝手だと思いますが、お母さんたちを始め、家族は、「好きにしたらいいよ」というスタンスで見守ってくれました。

家族は、ブログを通じてわたしのことを好きだと言ってくれているフォロワーの方々がいることを知ってくれていたので、「大好きなファッションを通じて何か発信をしたいのだろうな」という気持ちをわかってくれていたのだと思います。

ただ最近になって、「高校卒業したあと、東京へ行ったけど、仕事なども決まらず、５年間何もなかったら実家に連れて帰ろうと思っていた」とお母さんから初めて聞きました。そんなふうに見守ってくれていたんだなと、改めて感謝しています。

CHAPTER 3

My Precious

◆ ▼ ■ ●

ryuchell

おしゃれを追求したくて原宿へ

ｒｙｕｃｈｅｌｌと初めて会ったのは、２０１４年の５月。お互い高校を卒業して、当時原宿にあった古着屋さん「ＳＵＰＥＲ　ＷＥＧＯ」で働いていたときでした。ｒｙｕｃｈｅｌｌがその年の４月からショップ店員として働いていて、そこへわたしも「読者モデルスタッフ」として入店することになったのです。

ｒｙｕｃｈｅｌｌは沖縄にいた中学３年生の頃からツイッターを始めて、メイクの様子をアップしたり、カラコンを入れて自撮りをしたり、自分なりのコーディネートをアップして、発信をしていたようです。

当時は原宿でショップ店員をしている人たちもツイッターなどＳＮＳに自分たちのコーディネートを投稿していて、その自由で個性的な着こなしを見たｒｙｕｃｈｅｌｌは、「こんなに自分の好きな格好で歩ける街があるんだ。この街で働きたい！」と強く憧れるようになったみたいで。

高校を卒業する頃には、ツイッターのフォロワーも増え、投稿をたまたま目にした「ＳＵＰＥＲ　ＷＥＧＯ」の人から「うちの店で働いてみないか」とスカウトをされたのをきっかけに上京しました。

原宿で最先端のファッションに触れながら、ショップ店員としての仕事や、そのお店で扱っていた古着の知識やバイヤーの仕事を覚えて、ゆくゆくは沖縄で自分もお店を開きたいという夢も持っていたみたい。それでアルバイトで上京資金を貯め、残った6万円を持って、東京にやって来たそうです。

わたしは、自分のおしゃれを追求するには「原宿に行くしかない！」という確信がありました。もちろん大阪にいたときも、自分のファッションが周りから浮いているとか、それで孤独を感じたことはなかったのですが、「原宿に行けば、もっともっといっしょにファッションを楽しめる、お互い刺激し合える友だちができるだろう」という予感でわくわくしていたのを覚えています。

「ＳＵＰＥＲ　ＷＥＧＯ」のお洋服は大好きで、「読者モデルスタッフとして働きませんか？」と、お店の方から誘っていただいたときには、すごく嬉しかったのを覚えています。

当時の読者モデルスタッフというのは、洋服をたたんだり接客したりといった仕事以外に、お店に来てくれた人へのファンサービスをするという役目がありました。

２０１２年に始めたブログを見てくれていた方たちや、読者モデルをしていた雑誌『Ｚｉｐｐｅｒ』『ＨＲ』を見てくれたファンの方たちが、わたしが出勤する日にお店に来てくださり、いっしょに写真を撮ったり、お洋服を選んだりしていました。

シフトは月に2～3日で、お仕事といってもファンの皆さんとおしゃべりすることがほとんどでした。そういう意味ではわたしはあまりアパレルの仕事に熱心な方ではありませんでしたが、将来沖縄でお店を持ちたいと頑張っていたｒｙｕｃｈｅｌｌは、わたしなんかよりずっと真面目に一生懸命働いていたと思います。

１００％の王子様あらわる！

わたしにとってｒｙｕｃｈｅｌｌは――これはウソみたいな話なのですが――昔から「好きなタイプは？」と聞かれたとき、「絶対そんな人、いるはずないんやけど」と前置きしながら、「とりあえずぜんぶ言っとくと」とあげていく条件のすべてが叶っていた相手なのです。

面長で、鼻が高くて、目がきゅるんとして垂れ目。全体のイメージはかっこいいよりかわいい系。

それより何より、ファッションセンスが好きでした。これまで、どんなに仲が良くても、「自分とファッションに求めるものが同じ」という人と出会ったことがありませんでした。女の子もそうだし、ましてや何人かお付き合いした彼氏たちは、まったく１ミリたりともファッションの趣味、方向性が合うことはなかったです。男性にはファッションの趣味が合うことは求めてすらいなかったというか。完全に無理だと思っていました。

それが、目の前に、もはやパーフェクトという感じで、「この人だ！」と思える相手が立っていたのです。この日のファッションが、たまたまだったのかもしれない。自分が大好きなショップの店員さんなんだから、好きなファッションの傾向がいっしょなのも当然と言えば当然です。

だけど次にシフトがいっしょになった日、ファッションも、「やっぱり素敵！」と思ったんです。何もかも趣味が１００％一致していたというより、もっとざっくり、「ファッションに関して、絶対に気が合うはずだ」という確信がありました。

何より感動したのは、本当に自分の好きだと思う洋服を、周囲の目を気にすることなく、人に合わせることなく、思うがまま楽しんでいるということでした。男の子だけど、花冠をかぶって店頭に立っていたこともありました。誰に何を言われようと、自分はこれが好き。だから選んで着ているというのが伝わってきたんです。

それは、わたしも同じだったから。

ryuchellはこのとき、メイクをすでにしていました。今でこそ男の子がメイクするのは普通になってきていますが、あの頃はメイクをする男の子はまだ少なかったんです。そのあと付き合うようになって、わたしの家にお泊まりした翌朝、ryuchellが洗面台でファンデーションを塗っている姿もめっちゃ珍しくて、すかさず写メを撮りました。そのぐらい、男の子がメイクをするのが珍しいことだったのです。

でも、メイクをするなんておかしいとか、男の子なのに変な人とは、まったく思いませんでした。なぜなら、ファッションにぴったり合っていたし、実際すごく似合っていて、かわいかったから。

お互いに一目惚れだった

最初は、見た目やファッションがタイプという理由で一目惚れしたのですが、だんだんｒｙｕｃｈｅｌｌの内面に惹かれていくようになりました。

シフトがいっしょになった日におしゃべりしてみると、話はめっちゃおもしろいし、優しいし。そのうえ、こんなにかわいくて、かわいいことが好きなら、きっと女の子に興味がないのかな、と思っていました。だから彼氏とかじゃなく、普通に仲良くなって、ファッションをいっしょに楽しめる友だちになれたらと思いました。

わたしは好きになるとけっこうぐいぐい押す方なので、休憩時間などにきっかけを見つけては、「りゅうちぇるさん（その頃は「さん付け」で呼んでいました）とプリクラ撮りたいんです。いっしょに撮ってもらえますか？」「休日は何しているんですか？」と積極的に話しかけていきました。

わたしは6月30日が誕生日ですが、その2日前の28日にお店のシフトがいっしょになった日がありました。その休憩時間に突然ｒｙｕｃｈｅｌｌが、「お誕生日でしょ？」ってプレゼントを渡してくれたのです。

びっくりして、その場で開けてみたらディズニー・プリンセスのラプンツェルがデザインされたかわいいバッグ！

誕生日がいつなのかも、ディズニーが大好きなことやいちばん好きなプリンセスがラプンツェルだということも話したことはないのに。なんでわかったの？

こんなに嬉しくて、１００％のプレゼントを、それも男の子からもらうなんて、人生で初めての体験でした。

それでもう、「全部わかってくれる人なんだ！」と本当に心の底から感動して。もう、もし女の子に興味がなくたって何だってかまわない。この人が大好き！　って気持ちが爆発してしまったのです。

今になって思い返せば、わたしのブログも見てくれていたみたいだから、わたしの誕生日やラプンツェルが好きなことも知ることはできたはず。でも恋しちゃった女の子に、そんな冷静な視点は持てるはずがありません。そうまでして相手の趣味や、してあげたら喜ぶことを考えて行動できるｒｙｕｃｈｅｌｌは、素直に「すごい！」と今でも思います。

プレゼントをきっかけに、シフトの確認のためのＬＩＮＥグループから個人的に「今日はありがとうございました」みたいな連絡を送り合うようになって。そこから２人でのやりとりが始まりました。

すると明らかに、お互いに「好き」だということがわかってきたのです。あとからわかったことですが、お互いに一目惚れしていました。

そして出会ってから2カ月後、東京ディズニーランドで初デートをしたときに「付き合ってください」と告白してくれました。

２０２１年に出版した自身の本『こんな世の中で生きていくしかないなら』（朝日新聞出版）でｒｙｕｃｈｅｌｌは、わたしのことを、「これまで見たことのないお花だ」と思ったと書いてくれました。他の誰ともかぶらない「オンリーワン」なところが好きだと思って、「付き合わなかったら絶対後悔する」と直感したと。

ディズニー、映画、喜怒哀楽のすべてがいっしょ

お付き合いが始まると、「え、これもいっしょ、わあ、あれも同じなんだ」と、毎日感動することばかりでした。

何より、ファッションをいっしょに楽しめることが嬉しくて仕方がなかったのです。出かけるたびに「今日はこんなテーマで行こう」「ここをこう合わせてみよう」と、2人でコーディネートを相談して出かけるのを、思いきり楽しんでいました。

誕生日のプレゼントでもわかるように、2人ともディズニーが大好きです。東京ディズニーランドはデートの定番コースでよく行きました。そこでも、同じアトラクションを、同じパレードやショーを、同じ感覚で楽しめることを知って、「もう奇跡じゃない？」と思いました。

もう一つ感動したのが、映画の趣味です。『クルーレス』や『ヘアス

プレー』といったおしゃれでかわいい映画が好きなのですが、そのＤＶＤを家でいっしょに観たあと、「どこが良かった？」と話をすると、２人がかわいいと思ったシーンやポイントが、ことごとく一致するのです。

もし無理に相手に合わせていたら、どこかで食い違いが生じて、おかしいと気づくものですが、本当に同じ感覚で、同じものを「いい！」と思えていることがダイレクトに伝わってきます。そんな体験は初めてでした。

楽しいとかかわいいとかだけではなく、喜怒哀楽のツボがすべて同じということも感動的でした。そこまですべてがそろう相手とは、家族でも、友だちでも、またＳＮＳのフォロワーの方たちでも出会ったことはありませんでした。学生時代から、寂しいという気持ちがあったわけではなかったのですが、「そういうものだろうな」とどこかあきらめていたところがあったかと思います。

それが、こんなにもぴったり合う人がいて、その人が自分を好きになってくれて、自分の隣にいるということが信じられなくて、時々横を向いて確認してしまう、そんな興奮状態で楽しい毎日だったと思います。

食べ物の好みも一致していて、２人とも焼肉が大好きで、付き合い始めの頃から、よく近所の焼肉屋さんに行っていました。通い詰めているお店に行ったら、あるとき急にキャンドルを立てたお肉の山が出てきて、「ご予約１００回記念、おめでとうございます！」とお店の人から言われ、サプライズがあったこともあります。そのぐらい行っているのか、と２人でびっくりしました。

細かい食の好みで言えば、わたしはキノコが大好きですが、ｒｙｕｃ

ｈｅｌｌはキノコが苦手。だから野菜焼きについているキノコは「わたしがもらうね」とか。そういうところも凸凹のパズルみたいに合っていると思います。

パートナーと心地よくいっしょにいる秘訣のようなものは、好きなものがいっしょというだけではなく、怒りを感じるポイントが同じということも重要なのかなと。

何かトラブルがあってグチを言ったとき、わたし以上に「なにそれムカつく！」と怒ってくれます。男性は彼女からグチを聞かされたとき、「いやそれは、これこれこういう理由があるんだから」など、解説やアドバイスをしてくる場合もあると聞きますが、それを求めて話しているわけではないねん、とわたしは思います（笑）。

大事なのは、共感してくれることだと思います。ｒｙｕｃｈｅｌｌは、思わず笑ってしまうくらい、グチのもとになった物事や人に対して本気で怒ってくれる。とにかく共感してくれるんです。それで、わたしもすっきりできるんです。わたしもｒｙｕｃｈｅｌｌのグチには真剣に付き合って、思いきり怒って悪口を言い合って、２人で大笑いしたりします。

　そういうところがお互いにある、自然にできる２人だからこそ、新しい家族のかたちになったあとも、いっしょに過ごしていけると思えたのではないかと思っています。

わたしたちは凸凹のパズルのよう

　テレビなど芸能のお仕事を2人でさせていただくようになったのは、付き合い始めて1年ほど経ったあと、２０１５年の秋ぐらいからです。最初は、ある深夜番組（テレビ朝日系列『女の体当たりリサーチ番組なぜ？　そこ？』）でわたしが「ＳＮＳを中心に活躍し、10代の女子のフォロワーがたくさんいる原宿系モデル」と紹介していただいたことがきっかけでした。

　その後、いくつかの番組に出させていただくことになり、番組ではわたしのブログのことも紹介してもらいました。

　テレビでも、付き合っていることをまったく隠していなかったし、「今日の2人のコーディネートです！」と写真付きの記事もブログには載せていました。それで「ポップなファッションでメイクをしているかわいくておもしろい彼氏がいる」ということでｒｙｕｃｈｅｌｌもいっしょに出させていただくようになりました。

ですが当初、ありのままの自分でテレビに出ることに少し葛藤があったようです。

テレビに出る少し前に２人でツイキャス（スマホやパソコンで手軽にライブ配信を行えるサービス）の配信をしたことがありました。そのとき、急に自分のキャラクターを変えてきたのです。ファッションも男っぽい感じで、話す声もすごく低くして。

いつもと違った様子に驚いて、配信が終わってから「なんで？　いつものｒｙｕｃｈｅｌｌでいいのに」と言いました。個人で始めたツイキャスではありのままのキャラクターで配信もやっていたから、なぜ男っぽく変えてきたのか不思議だったのです。

すると、「自分一人なら別に何を言われても構わないけれど、ぺこりんといっしょに出て、『ぺこちゃんの彼氏がオネエっぽくて変だ』とか、ぺこりんが嫌な言葉をぶつけられたら嫌だし、自分は悲しくなる。だから男っぽくしようと思った」という答えでした。

「そんなん無理にせんでいいよ。ありのままの、かわいいｒｙｕｃｈｅｌｌが好きになったんやから」とわたしは言ったそうです。

　キャラクターを変えてきたこと自体は覚えていたのですが、「そのままでいい」と言ったことは記憶にありませんでした。ｒｙｕｃｈｅｌｌからあとになって教えてもらいました。それくらいわたしにとっては「当たり前」の気持ちで、ありのままのｒｙｕｃｈｅｌｌを好きになっていたから、そのままの気持ちが出た言葉だったのです。

　ｒｙｕｃｈｅｌｌは、「自分にとってはそれがすごく嬉しかったし、勇気が出た」とあとになって、２人のなれそめなどを取材で聞かれたときに何度も語ってくれていました。そのぐらい印象深い出来事だったのだと思います。

すべてにおいて、わたしたちはそういう感じなのです。ｒｙｕｃｈｅｌｌは一歩を踏み出す前に「どうしよう」と悩みがちですが、わたしは「しょうもないこと考える前に進もう」と考える方。その意味でも、凸凹のパズルなのだと思います。

実はテレビの仕事が苦手でした

ツイキャスのことがあって、どこか吹っ切れたのでしょうか。

もともとファッションのお仕事をする目的で東京に来たｒｙｕｃｈｅｌｌでしたが、テレビに出させていただくようになってから、人前に出る仕事が楽しかったようで、芸能関係のお仕事にメラメラと意欲を燃やしていきました。意外と負けず嫌いというか、「やるからには爪痕を残したい」みたいな意気込みがすごくありました。いっしょにある番組に出たあと、収録が終わってから楽屋で「悔しい。もっと、こういうふうに言えば良かった」と反省、号泣していたこともありました。

一方、わたしは２人でのお仕事が楽しければ、「それでいいやん」というスタンスでいました。うまくできなかったと落ち込むｒｙｕｃｈｅｌｌには「自分で自分のハードルを上げすぎやで」と話していました。だけどどんな仕事にも一生懸命に取り組む姿は本当に尊敬できたし、できる限り応援したいと思っていました。

そんなｒｙｕｃｈｅｌｌの努力もあって、ありがたいことに「ぺこ＆りゅうちぇる」でのお仕事はどんどん増えていきました。

わたしはＳＮＳが自分の居場所と考えていて、テレビのお仕事は正直あまり得意ではありませんでした。そもそも自分の気持ちにウソをつくのが好きではないし、隠せない性分なので、番組収録で、「こういう反応をしてください」と頼まれてもうまくできないこともありました。

もともと学生の頃から「これが好き！」という世界観が強く自分の中にあるため、それ以外の何かを持ってきて、「おすすめしてください」と言われても、「嘘をつく気持ちがして嫌だな」という本音が顔に出てしまっていたのです。

デビュー当時のわたしたちは、２人とも金髪で、原宿系のカラフルでポップな格好をした10代のカップル。ｒｙｕｃｈｅｌｌはヘアバンドをつけ、メイクをしていて、不思議なしゃべり方をする〝ジェンダーレス男子〟と受け止められていました。

そして、テレビのコメントでも求められるのは「お馬鹿」な発言。クイズ番組で天才チームとお馬鹿さんチームに分かれるときは、いやおうなく後者に入れられます。そういうとき、別に自分のことを天才だとは思わないけれど、馬鹿でもないのになあと、まだ若かったわたしはモヤッとしてしまっていました（笑）。

それでもテレビの仕事を続けられたのは、そんな世間知らず、身の程知らずのわたしをｒｙｕｃｈｅｌｌがいつも全力でカバーしてくれたからです。たとえば、思わずムッとするような、答えたくないような質問をされたときに、そんなわたしの雰囲気を横で察知し、わたしの代わりにすかさず答えてくれます。ｒｙｕｃｈｅｌｌはそんな優しいところがありました。

テレビ用にプラスアルファしている部分は多少ありますが、家でも、プライベートでも、ちょっぴりお馬鹿でかわいい性格です。

もともとコミュ力もとても高いし、機転もきくので、どんな現場に行ってもすぐになじんで溶け込んでしまう。会話のキャッチボールもすごく上手で、相手に寄り添う力を本当に持っていると思います。

同棲を経て家族に

２人でいっしょに暮らし始めたのは、付き合い始めて半年くらい経った頃。「同棲したい」と言ってわたしの部屋に来てくれたのが始まりでした。

その前、付き合い出した頃に、大阪からお母さんとお姉ちゃんが東京ディズニーランドへ遊びに来たことがありました。そのときにｒｙｕｃｈｅｌｌとわたしも合流し、彼氏として紹介していたんです。お母さんもおもしろいｒｙｕｃｈｅｌｌのことを好きになってくれました。

同棲しようと決めたときに、お母さんに電話をして、改めてｒｙｕｃｈｅｌｌの口から説明をしてもらいました。お母さんは、女の子が東京でひとり暮らしをするより安心だと思ったらしく、了承してくれました。

同棲をスタートさせるときには、お父さんにも紹介しました。決まりごとに厳しい昭和なお父さんですが、昔から、わたしが「こうしたい」と決めたことに口をはさむ人ではなく、好きなようにやらせてくれていたので反対はしませんでした。きっといつものように、お母さんが事前にうまく根回しをしてくれていたのだろうと思います。

いっしょに住み始めてからは、ファッションだけでなく、インテリアなどもかわいいものでそろえていきました。お互い好きなものが似ていたので、好きなものに囲まれたポップなお部屋作りに2人で取り組んで。それをSNSで発信するのも、本当に楽しいことでした。

なぜ、こんなパーフェクトな人と巡り会えたのだろう——と思います。

考えてみると、2人とも「自分はこれが好き！」と決めたら、周りに惑わされたり流されたりしないで、好きなことを貫いてきました。もし２人のうちのどちらか一方が、少しでも「人からおかしいと思われたら嫌だから、このくらいで我慢をしておこう」とファッションやメイクを周りに合わせていたら、わたしたちは出会えていなかったでしょう。同じ時期に原宿にいても、お互いの視界に入らないまま、ただすれ違っていたのかもと思うのです。

　こんな奇跡のような出会いを大事にしたい。自分たちの大好きな世界を、これからもいっしょに楽しんでいきたい。ゆくゆくは結婚して、家族になって、もっと楽しい世界を作っていきたいね、という話もするようになりました。

わたしの家族観、結婚観

ひいおばあちゃんやおばあちゃんも同居する昭和な家庭に育ったせいか、同世代と比べても、わたしの結婚観はもともとすごく古いタイプかもしれません。

結婚するなら、一生その人と添い遂げる。結婚式の誓いの言葉ではないけれど、良いときばかりではなくて、病めるときも、悲しみのときも、ともに助け合って生きていく相手と、結婚はするものだと固く信じてきました。極端な話、相手が何か罪を犯しても自分だけは味方でいるとか。どんなにボロボロになっても励まして支えていくとか。そこまで覚悟をしないと、家族というつながりを結んではいけないんじゃないかと思っていたのです。

それに、人前に出るお仕事をしているぶん、軽々しい気持ちで「結婚します」とは言うべきではないし、言ってはいけないと思っていました。

まだ20代になったばかりだし、ジェンダーレス男子というキャラクターだったこともあり、付き合っているときから「ビジネス上のカップルじゃないの？」と言われていました。結婚するときも、「何かの企画じゃないか」「どうせすぐに別れるんじゃないか」と揶揄《やゆ》する視線も、感じないわけではありませんでした。

だからこそ、ちゃんと、それなりの責任と覚悟を持って結婚ということを考えたかった。

だから——これも本当にめっちゃ古臭いのですけれど——授かり婚は避けたくて（もちろんそれをきっかけに結婚して、ハッピーになるカップルがいっぱいいることは知っています！）。ちゃんと結納を交わし、結婚式をあげて、次がベイビーと、順序を守って進んでいくのが理想と思っていました。

2人の間では、仲良しのカップルがするように「そのうち結婚したいよね」「子どもは何人欲しいかな」「結婚式はこんな感じで」みたいなかわいい会話を、ふんわり交わすだけでした。でもこういうお仕事をしていると、話の流れでいろんな人から「結婚しないの？」と聞かれます。そのときも、2人で話していたように「いつか絶対したいと思います」と答えていたのです。

それが付き合って2年目頃、お仕事で同じ質問をされたときにｒｙｕｃｈｅｌｌがぽろっと「（結婚は）来年の夏くらいじゃないのかなぁ？」と答えたのです。具体的な時期を言葉にしたのを聞いたのは初めてだったので、「あ、来年なんや」と思って。でもそのあとも2人で、具体的な話をすることはありませんでした。

ところが、それはｒｙｕｃｈｅｌｌのウソ。

サプライズ好きのｒｙｕｃｈｅｌｌが、わたしに知られないようにひそかに準備をして、同じ年、２０１６年の12月に思い出のディズニーリゾートが見える場所でとてもドラマチックで素敵なプロポーズをしてくれたのです。

一瞬「え、来年って話やったやん？」と驚いたけれども、もちろんすごく嬉しかったですし、この人となら大丈夫という確信を持っていたから、その場ですぐに「はい」と返事をしました。

入籍したのはその数日後、お互いに21歳のときですから、今どきにしてはかなり早い方だと思います。地元の仲良しグループでも、すごく結婚が早そうと思われていた子よりもわたしの方が先で、「てこがいちばん乗り？」と驚かれたものでした。

マタニティウエアに泣いた夜

わたしはもともと子どもが苦手だったのですが、ryuchellと出会って、「この人との子どもなら絶対に愛しいだろうな」と思いました。でもいつ頃がいいとか特に計画はなくて、入籍もしたし、結婚式も無事に終わったし、「もういつベイビーが来てくれても大丈夫だね」と2人で話していた直後に妊娠がわかって。「ええっ、もう!?」と自分たちがいちばん驚きました。もちろん2人で、それはそれはめちゃくちゃ喜び合いました。

ちょうど結婚するくらいからテレビのお仕事を少しずつ減らしていて、自分のファッションブランド「Peco Club」のプロデュースのお仕事に力を入れていました。大好きな80年代ファッションを意識したカラフルなお洋服をデザインしたり、原宿に期間限定でオープンしたお店の内装を考えたりするのはとても楽しいことだったのです。

そのブランドも、出産する前にいったんお休みすることにしました。それはお母さんが専業主婦でわたしたちを育ててくれたように、自分も子どもが生まれたらできるだけ家にいたいと思ったからです。ｒｙｕｃｈｅｌｌもありがたいことに1人のお仕事が順調に増えていたので、そこは問題なく「そうしよう」と賛成してくれました。

妊娠中は、体調にあまり大きな問題はなかったけれど、マタニティウエアが「どうしてこんなにかわいくないの！」と落ち込んだことはありました。お腹が目立たないようなだっぷりしたラインや、地味な色合いがどうしても趣味に合わなくて。デニム一つ取っても好きなデザインが見つからず、ネット通販をしながら本気で泣いてしまったこともあります。なんとか海外の通販サイトからかわいいと思えるマタニティデニムを見つけて、それを着まわして過ごしました。

ベビー服も理想は80年代のもの。赤や紺などはっきりした色合いで、たとえばイギリスのダイアナ妃が、ウィリアム王子とヘンリー王子に着せていたようなベビー服が素敵だと思っていました。11歳違いの兄のベビー服が残っていれば良かったのですが、残念ながらお母さんがとっくに誰かに譲ってしまっていました。

それでベビー服もネットで必死で探して、やっと大阪にある子ども服専門のビンテージショップを見つけました。その後、京都と東京でもお気に入りの店を見つけて。今でも、彼の服は9割が古着です。

もしおしゃれにこだわりがなかったら、人生、どんなに楽だっただろうと時々ため息をつきたくなります。自分がかわいいと思えないものを身につけたり、家の中にあることが、本気で許せないのです。特にマタニティウエアと子ども服については、40年前にタイムスリップできたらどんなにいいかと何度も思いました。息子も大きくなってきて、息子自

身の好きなものがはっきりしてきた今は、もちろん息子の好きなように
してくれるのがいちばん嬉しいのですが。

ダメ！　ちゃんと話さなきゃ

わたしとｒｙｕｃｈｅｌｌは、むちゃくちゃたくさん話をします。

もともとわたしは心を許した相手とは、とことん話してわかり合おうとしてきました。たとえば友だちとの間で何か嫌なことがあったとき、別にどうでもいい相手であればスルーして忘れてしまうのですが、大切な人に対しては「わたしはこういう理由で嫌だった」と全力で伝えます。

友だちにも理由があって、お互いの意見が相容《あいい》れなくても、「こういうことが嫌だ」ということは相手に伝わるし、相手が「こういう場合にこう考えるのね」ということもわかります。もし言い合いがケンカに発展してしまっても、全力でぶつかることで、より友だちとの関係が深まることも経験してきました。

ただ、自分の気持ちが高ぶっているときは、まず落ちつこうと思って黙り込むタイプでした。ｒｙｕｃｈｅｌｌは家族が多くて、家庭内のコミュニケーションも濃密だったから、「黙っていたらわからないよ」というのが暗黙のルール。だから付き合い始めた頃、ケンカになってわたしが黙り込むと、「ダメ！　ちゃんと話そう」と会話に引っ張り込むくらい、「話す」ことは大事に考えてくれていました。

「家族だったら、言葉にしなくてもわかる」という考え方もあるでしょう。また「家族でも、どうしてもわかり合えないことがある」というのも、ある意味真実だと思います。だけど、家族が同じ方向に進んでいくためには、何回も何回も話して、「ここだけは譲れない」ところと「ここなら寄り添えるかも」という落としどころを見つけていくことが大事だと思っています。

息子も、お腹にいるときも生まれてきてくれてからもいっぱい話しかけていたためか、しゃべり始めたのも10カ月と早かったし、今でもすごくおしゃべり。言葉を使って自分の気持ちを伝えてくれますし、わたしたちからも「子どもだからわからない」と思わずにちゃんと言葉で伝えるようにしています。

イヤイヤ期もそれなりに激しかったのですが、イヤイヤ期特有の「何が気に入らなくてイヤイヤ言うのかわからなくて困る」ということが、うちの場合はあまりなかったのです。

たとえば急いで出かけなければならないときに限って、急に息子の機嫌が悪くなったことがありました。理由を聞くと、「ぼくが話していたのに、ママがちゃんと聞いてくれなかった」と。そうしたらわたしも、「急いでいたからごめんね。ママちゃんと聞いてなくて。嫌だったよね。もう一度、何の話だったか教えてくれる？」と話して仲直り。それはどんなに忙しいときも、そうした会話は忘れずに続けています。

周りの先輩ママたちによれば、恋人時代や結婚当初はたくさん話していたカップルでも、「子どもができると変わった」という人が多かった。でもわたしたちは、家族が２人から３人になっても、それほど雰囲気は変わりませんでした。妊娠中からいろいろと気づかってくれましたし、出産後も子どもを寝かしつけてから、たくさんおしゃべりをしていました。ｒｙｕｃｈｅｌｌは仕事、わたしは育児で疲れて早く寝たいときもありましたが、ここは無理に時間を作ってでもコミュニケーションはとらなくちゃと思って。

昼間はワンオペ育児でしたが、時間があるときはしっかりいっしょに息子をみてくれました。わたしのしょうもないグチにも付き合ってくれました。だから子どもが生まれて、家族がさらにハッピーになった実感があったのです。

ryuchellは常に変化している

ｒｙｕｃｈｅｌｌ自身――こんな言い方したら上からで失礼かもしれないけれど――すごく成長したと感じます。18歳から身近に接してきて、最初はかわいらしい少年だったのが、付き合い始めてたくましい青年になり、結婚してパパになって頼もしい大人になった。見た目的には、どんどんジェンダーレス化してかわいらしさを増しているのですけれど。

ｒｙｕｃｈｅｌｌは、常に変化をしていたい人なのだと思います。

小さいことで言えば髪型もころころ変えるし、美容オタクと言われるくらい化粧品に詳しくて大好きということもあって、スキンケアもメイク用品も気に入ったものはどんどん試していきます。

その点、わたしは正反対。18歳の頃に人からすすめられて気に入ったオーガニックのスキンケア・ラインを10年経った今でも使い続けていますし、メイク用品や道具もほとんどずっと同じメーカー。これが自分に合うと思ったら、「どうして変える必要があるの?」と思うからです。

マタニティウエアやベビー服にこだわるように、ファッションに関して自分でも持て余すほど、こだわりが激しくて。誰かが「pecoちゃんが好きだと思って」とすすめてくれるお洋服でも、微妙に自分の好みに合わないと思うとシャットアウトしてしまいます。……そう思ってくれたり考えてくれた気持ちは、もちろんとても嬉しいのですが。

その点ryuchellは、これまでのテイストと違うものをたとえばスタイリストさんが持ってきてくれても、「それいいじゃん」と思えばすんなり受け入れて、自分なりに着こなすのが上手。それまで考えてもいなかった選択肢でも、新しい可能性として吸収する力がすごいといつも感心してしまいます。

人に対しても、わたしは新しく知り合った相手になかなか心を開くことができません。ｒｙｕｃｈｅｌｌはどんな人にも興味を持って、話を聞いて、すぐに仲良くなることができる。柔軟で適応力が高いから、まったく新しい分野のお仕事が来ても、「おもしろい」と思えばどんどんチャレンジしていきます。

結婚して子どもができると、「パパ」としての立場でお仕事をさせていただくことも増えてきて。ちゃんと自分の考えを持って発言をしなければと考えて、子育てを取り巻く社会の問題についてもきちんと勉強して、新しいお仕事に臨むようになりました。テレビに出始めた頃の「お馬鹿さんキャラ」はいつの間にか卒業して、しっかりと意見を言うコメンテーターのようになっていったのです。

ｒｙｕｃｈｅｌｌは、いい意味でも悪い意味でも、「思い込む」力がすごい人なのでしょう。

最初の方で書きましたが、おかしな話、「頭が痛い」と言うので頭痛薬を飲ませると、飲み込んだ瞬間に「もう治った」とニコニコしています。

考え方が柔軟で周囲からの影響をすごく素直に受け入れます。人から期待された役割を、期待以上にちゃんとやり遂げてしまうのも、「自分はこうだから」と思い込む力のなせる業《わざ》ではないかと思うのです。

その力がうまく働いているときは、本人もすごくポジティブにいろいろなことにチャレンジしていけます。でもいったん「自分はもうダメ」と思い込むと、どんどんネガティブなサイクルに入って、ちょっとやそっとでは抜け出せなくなる。付き合い始めた18歳の頃から、「自分をしっかり持ちや」とわたしもたびたび話し、心配していたことでした。

CHAPTER 4

My Family

◆ ▼ ■ ●

大切な家族

ｒｙｕｃｈｅｌｌの様子がおかしい

ｒｙｕｃｈｅｌｌの様子がおかしいと感じ始めたのは、２０２１年の秋頃だったと思います。理由はわかりませんでしたが、なんだかきつそうというか、つらそうというか。身にまとう空気がどんよりと重たい感じ。自分でも「最近すごくしんどいんだよね」と話していました。

もともとガラスのハートの持ち主で、気持ちの浮き沈みが激しいタイプ。「今日は満月だから調子が出ない」など、わたしの前ではすぐに弱音を吐いてくれることが多かったから、最初は「またちょっと病んでるのかな？」と見守る雰囲気でいたのです。

その年の10月に、わたしたちはデビュー当時からお世話になっていた芸能プロダクションから独立して、自分たちの事務所をｒｙｕｃｈｅｌｌが立ち上げたばかりでした。ｒｙｕｃｈｅｌｌが会社の代表になって、お金のことや事務的なことなど、今までやる必要のなかった仕事も全部自分で引き受けることになっていたから、「それで疲れているのかもしれない」とも思っていました。

ちょうど同じタイミングで、３歳になった息子が、インターナショナルスクールに入学して。それまでずっとおうちでわたしと過ごしていたのが、初めて月曜日から金曜日まで、知らない環境に１人で長時間いる生活が始まりました。

周囲の先輩ママからも「幼稚園や保育園に通い始めると、最初はちょっと苦労するよ」と聞いていましたが、やはり息子も家に帰ると、ものすごい暴れん坊のきかん坊。２歳頃にあったイヤイヤ期が、またぶり返したみたいでした。学校で良い子で頑張っているぶん、家では甘えたいのだろうと想像はできても、息子が不機嫌になる地雷を踏まないようにひやひやしながら毎日を送るのは、わたしにとってもなかなか大変なことでした。

その頃わたしは自動車の教習所に通い始めました。息子が学校に行っている日中に、時間ができたことが理由の一つです。

もう一つの理由は、「そろそろ2人目が欲しいね」と話していたこと。子どもが2人になれば、わたしも運転ができた方が何かと便利だと思っていました。そのあとのことを思えば「本当に次の子を欲しがっていたのか」と勘繰る人もいるかもしれませんが、その時点ではごく普通に「2人目」のことを話し合っていたのです。

仕事や息子の学校のことなどいろいろなタイミングを考慮して、この頃に生まれてきてくれたらいいねと2人で相談していた時期は、けっこう間近に迫っていました。妊娠初期は体調が心配ですし、出産後に赤ちゃんを預けて教習所に通うのも難しいだろう。そんなことを考えて、教習所に通う日程をかなりタイトに詰め込んでいました。

朝、混雑する電車に乗ることも久しぶりなら、学科の勉強で教科書を開くのも高校のとき以来。そして授業のあとすぐに息子のお迎えに行き、息子の不機嫌地雷を踏まないように過ごして寝かせる。毎日かなりヘトヘトで、夜遅く仕事から帰ってくるｒｙｕｃｈｅｌｌとおしゃべりする時間も減ってしまっていました。

そうして、３人が３人とも新しい環境に疲れてピリピリして。そのイライラを無意識にぶつけ合って、悲しくなって。そんな毎日だったと思います。

夫婦や家族を続けていれば、それなりにお互いの立場や環境が変わり、衝突が起きるのも当たり前のこと。だからこれも一過性のことだと腹をくって、自分なりにできるだけ平常心でいようと努めていました。

ｒｙｕｃｈｅｌｌも時間を見つけては「ごめんね、今すごくしんどいんだ」と向き合って話をしてくれていましたし、わたしは「大丈夫。『ｒｙｕｃｈｅｌｌがまたへこんでて大変なんや』と友だちにこぼして、憂さ晴らししてるから。あとで元気になったら、どんなひどいグチを言ってたか教えてあげる。ショックやで〜きっと」なんて冗談ながらに言っていました。

精神的なケアのためにカウンセリングに通うことも一度は考えていたようです。だけどあとになって考えれば、専門家にはもちろん守秘義務があるとしても、ずっと隠し通してきた非常にプライベートな悩みを、見知らぬ他人に打ち明けることには強い抵抗感があったのかもしれません。

そして、突然の爆発

2021年11月。家族3人で、大好きな劇団四季の『ライオンキング』を観に行き、いつもの焼肉店へ夜ご飯を食べに行こうとしていたときのことでした。

以前から車のカーナビの調子がおかしかったのですが、明らかに間違った指示を出してくることに、運転していたryuchellも「何言ってるの、やだー」と普段から笑ってツッコミを入れていたのです。

ところが、その夜、高速道路を運転中にカーナビが明らかに間違った指示を出してきたとき、まるで、それまでためていた怒りやうっぷんの矛先を「やっと見つけた!」という勢いで、強い言葉で怒り、それまで見たことのなかったryuchellになったのです。

後部座席にいたわたしは、とっさに、「息子を守らなきゃ」と思い、強く息子の手を握りました。このままでは高速道路上で事故を起こしてしまうかもしれないし、何より息子が大好きなダダのこの姿を見せたくない。

「この子がおるんやから落ちついて」とまず強く言い、それから「大丈夫、ぜんぜん急いでないんやし。ゆっくり高速を降りて、どこかに車を停めてまず落ちつこう」と静かに声をかけました。

なんとか高速を降り、路肩に停めた車の中で、ｒｙｕｃｈｅｌｌは過呼吸みたいに荒い息をして、めちゃくちゃに泣き始めました。それは、これまでさんざん泣いたりへこんだりしたｒｙｕｃｈｅｌｌを見てきたわたしでも、初めて目にする姿だったのです。

その状態で運転を続けることは危険だし、車を置いていくわけにもいかないため、「わたしとこの子は先にタクシーで行くから、落ちついたら合流しよう」と言いました。でも何かを察したのか、息子は「やだ。

ダダといっしょじゃないと行かない」と言い張って。なので数日後しか取りに来れないけれど、近くのコインパーキングに車を停め、予約していたお店へ３人でタクシーで行ったのです。ｒｙｕｃｈｅｌｌは大好きな焼肉を目の前にしてもほとんど話をせず、ずっと魂が抜けたような状態でした。

３人とも疲れ果てて家に帰り、お風呂に入ろうということになりました。息子は、ｒｙｕｃｈｅｌｌが家にいるときは必ず「ダダとお風呂に入る」「ダダと遊ぶ」と大喜びでまとわりつくのが常でした。でもこの日は、「ママと入る」と。

息子と湯船につかりながら、「さっきはびっくりしたよね。ごめんね。ダダはちょっとしんどかっただけだから、大丈夫だよ」と声をかけました。そのときは息子も、「ふーん」という反応だったのです。でもお風呂上がりに「ダダに拭いてもらっておいで」と言うと、「やだー」と泣き出して。ああもう本当に、怖かったんだ。かわいそうなことをしてしまったとショックでした。

「あの子が怖がっていたから、ｒｙｕｃｈｅｌｌからも話してあげてね」と頼みました。そして本人から「さっきはごめんね」と言ってもらうことで、息子もその後は「ダダが嫌だ」と言うことはなかったので、その点はほっとしました。

車の中でも、お風呂上がりのときも、まず息子を「守りたい」という気持ちが優先してしまいました。後先を考える余裕もなく、とっさに体じゅうから「母親であるわたし」がぶわっと噴き出した。そんな感覚だったと記憶しています。

偏った考えなのは十分承知していますが、こればかりは母親になった人、目を離したら死んでしまうかもしれない小さな命を育てた人でないと、深い部分ではわかってもらえない感情なのかもしれません。とにかくわたしは、息子の安全を守り、息子の気持ちを傷つけないようにすることが最優先でした。あの高速道路での出来事で、わたしはそう強く自覚してしまったのではないかと思います。

ｒｙｕｃｈｅｌｌが苦しんで、傷ついて、見たこともないくらいおかしくなっていたことを考えれば、もっと相手の気持ちに寄り添った適切な対応ができたのではないかと思うこともあります。もし今後同じようなことが起きたとしたら、もう少し良い方法が取れるのではないかとも。けれど、本当に初めての出来事で、あのときは頭も心も混乱しきっていて、ｒｙｕｃｈｅｌｌのことまで思いやる余裕がなかったのです。

その日のような「大爆発」は１回きりで終わりました。

だけど家の中の空気は、どんどん、どんどん悪くなっていきました。

18歳からずっといっしょにいるのですから、いい加減、「何か隠している」と気づきます。でもそれが何なのか、まったくわからなかった。

それこそ、今まで一瞬たりとも疑ったことはなかったけれど、「もしかして浮気してる？」とも。でもそれもありえない気がして。

その間も、ｒｙｕｃｈｅｌｌは夜に「苦しいよお」と泣いたりしていました。そのことはずっと気になっていました。

ryuchellの告白

そうして迎えた、２０２２年のお正月休み。

平常心でいようと思っても、さまざまなストレスからか生理が不順になっていたので、休みが明けたら、かかりつけの産婦人科に行こうと考えていました。お医者さんからは「２人目」のことを聞かれていたので、受診をすればまた同じ質問をされると思い、「もしお医者さんに２人目のことを聞かれたらお医者さんに何て答えようか。もしｒｙｕｃｈｅｌｌが今すごく精神的にしんどいなら、ベイビーのことはもっとあとで考えればいいよ。わたしたち、まだぜんぜん若いんだし」と話をしたのです。

そのとき、たぶん「今だ」と思ったのでしょうね。

「ちょっと今、話せる？」と言って正座をし、その夜にすべてを——小さい頃に同性が好きだと自覚したときのこと、それをお母さんに打ち明けたときの反応、本当の自分を隠して生きてきたつらさまでを打ち明けてくれたのです。

同時に、わたしと初めて会ったときに「初めて女の子を好きになった」こと、「今までの８年間が嘘だったということは、絶対にない」ということも泣きながら伝えてくれました。

もともとジェンダーレス男子というキャラクターでテレビに出始めたこともあり、自然な流れとしてＬＢＧＴＱに関するお仕事を増やしていました。特に２０２０年頃から、イベントや講演会、また自分が書いた本でも「ありのままに生きる」ことの大切さを伝える立場になっていました。

それと同時に、結婚して、息子ができてからは、「いい旦那さん」、

「いいお父さん」と言っていただくことも増えてきて。２０１８年には、育児を楽しみながら頑張ったパパタレントを表彰する『イクメン オブ ザ イヤー』の「芸能部門」まで受賞しています。

だけどやっぱり、本当の自分と外へ見せている自分、比嘉龍二とｒｙｕｃｈｅｌｌのギャップがどんどん広がって、自分の中の違和感がどうしようもないところまで膨らんでしまったというのです。それが苦しい、もう終わりにしたいのだと。

わたしにしてみれば、これまで8年間、何の違和感もなく普通にできていたことが、「なぜ急に無理になったのか」ということが、正直まず理解ができませんでした。なぜこのタイミングでそんなことを言い出したのか。

わたしにもう魅力を感じられなくなったの？　「そうじゃない」

他に好きな人ができたの？「絶対に違う」

わたしの夫でいるのが嫌ということ？「そうではなくて、『夫』であること自体がしんどくて、苦しくて、もう嫌なんだ」

それが、ｒｙｕｃｈｅｌｌからの告白でした。

全部夢やったかもしれへん

ryuchellがカミングアウトをしてくれて1週間くらいは、全部夢なんじゃないかという感覚でした。

その夜は結局1時間くらいしか眠れなくて、暗いうちに目が覚めて。その時点でも、ベッドで隣を見たら、いつもと同じようにryuchellが寝ている。だから余計に、「夢やったかもしれへん」としか思えなくて。

目の前で起きたことを、そんなふうに「夢かもしれない」「自分の妄想では」と疑うことなど、超現実派のわたしには人生で初めてのこと。それくらい混乱していたのだと思います。

間の悪いことに、年末に決まったお仕事として、わたしたちは、結婚や夫婦の愛について語る取材を受けていました。撮影もごくごくいつも通りの雰囲気で進み、2人で幸せそうに手をつないで微笑んで。そのときも、「あの告白は夢だったのでは？」という感覚がよみがえってきました。

この取材も含めて、新手の「ドッキリ」なんじゃないか。どこかに隠しカメラがあったりして。でもずいぶんと趣味の悪い企画やなあ。カメラのシャッターの音を聞きながら、そんなしょうもない考えが頭をぐるぐるしていたのを覚えています。

インタビューが始まってみると、なんとなくryuchellの言葉の選び方が以前と微妙に変わっていることに、気がつきました。ずっと2人でお仕事をしてきて、家でもとことんしゃべってきた関係だったから、微妙な変化でもわかってしまう。たとえば「夫婦」を「家族」に言い換えたりとか、「夫」という単語を微妙に避けていたりとか。

そういえばカミングアウトのときも、「夫というしがらみが苦しくなってからは、取材などで『夫としての自分』について聞かれてもうまく答えられなかった」と話していました。これが今の状態なのだなと、はっきり目の前に突き付けられた気持ちでした。

ああやっぱり、あの告白はほんまやったんや。夢じゃなかったんや。

ryuchellを苦しめたくない

意外に思うかもしれませんが、男の人を好きなんだということについては、大きなショックは受けませんでした。同性を好きな友だちは周りにもいたし、大好きな海外ドラマでもいろんなカップルがいたし、お仕事をきっかけにLGBTQについて学んできた経緯もあります。だからその事実について恥ずかしいとか嫌悪感などは、まったくありませんでした。初めて出会ったとき「もしかして？」と思ったことが、「第一印象、合ってたんや（笑）」とすとんと理解できたというか。

むしろ、それにもかかわらずこんなわたしを好きになって、家族になってくれたことが嬉しかったし、「やっぱり奇跡みたいな出会いだったんだ」と。

世の中には、「そういう相手とはもういっしょにやっていけない」と考える人もいるかもしれません。

最初のショックから抜けきれず、「夢かもしれない」と思っていた時期、今後自分がどうしたらいいのかを知りたくて、ネットに「同性愛告白　妻　対応」といったワードを打ち込んで必死で検索をしました。まだ誰にも相談できる状態ではなかったし、周りに同じような経験をした人がいるとも思えなかったからです。

するとずいぶん前のブログで、20年以上いっしょに暮らした40代のご主人から、急に、男性が好きで、女性になりたいと告白を受けた奥さんの記事が見つかりました。お子さんたちもいて、奥さんはそれまでまったく疑ってもいなかったことから激しいショックを受けて、落ち込んで。さらに、奥さんの様子を目の当たりにしたご主人も、後悔と罪悪感から心のバランスを崩してしまった経緯がつづられていたのです。読んでいてつらくて悲しくて、何度もスマホを置いては気持ちを落ちつかせ、続きを読みました。

結婚していた年月も違えば、立場も違う方たちのことなので、自分と比べてどうこう言うことはもちろんできないと思います。ただブログを読み終えたとき真っ先に考えたのは、わたしが落ち込んだ姿を見せて、これまで苦しんできたｒｙｕｃｈｅｌｌをさらに苦しめることはしたくないということでした。

どんなことがあっても、わたしは強くいなきゃあかんなって。

わたしの願い、ryuchellの願い

その後わたしたちは、これから自分たちがどういう関係になるか、家族をどういうかたちにしていくかを何カ月もかけて話し合いました。わたしも頑固なら、ｒｙｕｃｈｅｌｌも頑固。お互いの着地点が見つからず、ひたすら平行線の話し合いが続きました。

そんなある日、わたしは息子を学校へ送った帰り道に、ふと自宅近くの神社へ立ち寄りました。大阪の実家にいた頃は住吉大社へ家族と初詣に行ったり、合格祈願や厄年の御祈禱を受けたりすることはありましたが、普段からあまり神様に何かを願うようなタイプではありません（ｒｙｕｃｈｅｌｌはスピリチュアルなことが大好きなのですが）。

でもそのときは、なんだか自然と神社へ足が向きました。そしてお賽銭を入れ、鈴を鳴らして手を合わせながら頭に浮かんできたのが、「ｒｙ ｕｃｈｅｌｌが今より楽に生きられますように」という言葉。

もう一つが、「家族が少しでも良いかたちで前へ進めますように」ということ。

わたしの願いは、それだけでした。

わたしたち家族にとって、少しでも良いかたちって何だろう。
最初に考えたのは、今回の告白の内容はすべて2人だけの秘密にするということ。誰にもいっさい言わず、自分たちの間でだけ「もう男と女、夫と妻じゃないよね」と合意をしたうえで、息子のダダとママとして、大切なパートナーであり親友である関係を続けていく。対外的にはなんとなく、夫婦として出演をオファーしていただいたものや、「夫」として何かを語るようなお仕事はお断りしていくのはどうだろうと。

けれどもｒｙｕｃｈｅｌｌは、「自分が『夫』であるという事実が存在する以上、自分は苦しくて前に進めない」と言いました。

じゃあ別れてお互いの道を進むの？　という話になったときに浮上してくるのが、息子のことです。

世の中には最初からシングルで子どもを育てている人も、離婚をしてどちらかの親が子どもを引き取ることも、それこそ大好きなテレビドラマ『フルハウス』のように血のつながらない家族がいっしょに暮らすケースがあることも理解しています。家族のあり方、考え方、幸せの感じ方はそれこそ人それぞれ違っていて当然だと思います。

わたしは、自分の子どもは両親が、いや、息子の大・大・大好きな、ダダとママがいる家族の中で育てたい。それは、女性の母親と、男性の父親でなくてもいいけれど、もし「自分がつらいから」という理由だけで息子を置いて家を出るというのなら、「一生あなたを許さない。息子にも会わせたくないと考えるから覚悟して」と言いました。

息子はまだ当時３歳です。それまでダダとママと３人だった家族のかたちが、ある日突然変わってしまったら、どれだけショックを受けるか。小さいうちは特に、子どもにとって家族が世界のほとんどすべてです。そのかたちを大きく変えることに、どうしても抵抗がありました。


その他に話し合ったこととしては、もし「夫」として家族を１人の責任で背負うのがつらいのなら、わたしがお仕事を再開したらどうかということ。ｒｙｕｃｈｅｌｌの負担が減れば、お仕事も自分のペースでできるし、精神的にも楽になれるのではないか。

どうしても今日は家に帰りたくない、「夫」でいるのがつらいという日は、動画配信のために家具を置いている会社の事務所や、ホテルに泊まって、気分転換したらどうだろう。

ｒｙｕｃｈｅｌｌは故郷の沖縄が大好きだから、家族みんなで移住をして、東京に出て来たときに考えていた古着屋さんの仕事をしながらのんびり暮らしたっていいよね。

その他にも考えられる限りの提案をしたし、毎日のように話し合いを持ちました。家族が少しでも良いかたちになるようにという願いは、お互いに共通していたと思います。だけど「『夫』であることをやめない限り、自分の苦しさは消えない」という気持ちはびくとも動きませんでした。こうなったら催眠術でもかけてその思い込みを頭の中から消すしかないんじゃないかと思うくらい、話し合いは平行線のまま、４カ月以上も繰り返されたのです。

ryuchellが見せた1年ぶりの笑顔

このままじゃいけない。傷つけ合って、嫌いになって、わたしたちがいちばん大切にしている「お互いへの尊敬」の気持ちまでなくしてしまう。

そうなったら取り返しがつかないし、このまま２人だけで話し合ってもらちが明かないと考えたわたしは、ｒｙｕｃｈｅｌｌのお母さんと、わたしのお母さんを家へ呼んで、４人で話し合いの場を持つことを提案しました。

ｒｙｕｃｈｅｌｌにとってどれだけ勇気のいることかも、つらいことかもわかっていたけれど、これ以上２人の関係が悪くなるよりはと説得をしてなんとか承諾をしてもらいました。

双方のお母さんとも、最初はもちろん驚いて声も出ないようでした。

でも2人とも「ｒｙｕｃｈｅｌｌが抱えてきたしんどさは理解したい」「本当につらかったんだね」という言葉をかけてくれました。

ｒｙｕｃｈｅｌｌのお母さんは、「ｐｅｃｏちゃんが、『全部を受け入れていっしょにやっていこう』と言ってくれているのだから、それでいいじゃない」という意見。でもｒｙｕｃｈｅｌｌは、「いや、それじゃだめなんだよ」と言い張り、最後は泣きじゃくって冷静に話もできなくなりました。

わたしは息子のことを考えたら別れることはできない。ｒｙｕｃｈｅｌｌが「自分が楽になりたい」という気持ちだけで別れるというなら、わたしが完全に息子を引き取るしかないという話をしました。

やっぱり平行線のままなのかな――とあきらめかけたとき、わたしのお母さんが、「今いちばん大事なのは、家族3人がもとの楽しい雰囲気に戻ることなんやないかなあ」と言い出したのです。

たとえば戸籍上は、夫と妻ではない状態にする。入籍しないで子どもをもうけるカップルがいるように、籍を抜いたかたちで家族として暮らしていけばいいんじゃないか。もし必要になったら、養子縁組という別のかたちで法的に家族になることも可能だろうし。

え、それって何か意味があるの？　と正直思いました。

だけど横にいたｒｙｕｃｈｅｌｌがぱっと顔を上げて、「それが自分のいちばん望んでいて、納得できるかたちです」と言ったのです。

ｒｙｕｃｈｅｌｌによれば、すべて自分の告白から始まったことだから、「夫という立場からは降りたい。でも家族としていっしょにはいたい」と提案することは、とんでもないワガママだと思っていたそうです。もしわたしが「あなたと暮らすのはもう無理です。違う人と再婚して幸せになります」と言うのなら、それを止める権利は自分にないと。

わたしはryuchellと家族をやめたいなんて、1ミリも考えたことはありません。息子とこのまま3人で家族としていられるなら、その方法を検討してみてもいいかもしれないと思いました。

お母さんたちには、「籍を動かす方法などを自分たちでも調べてみる」と伝えて、その日の話し合いは終わりにしました。

2人を送り出したあと、ryuchellが「ちょっとお昼ご飯を食べに行こう」と誘ってくれて。そしていっしょに家を出たときに隣にいるryuchellをふと見上げたら、それこそ何カ月ぶりかもわからないくらいの笑顔、本当に心から笑っている顔がそこにあったのです。そしてわたしの方を向いて、「ありがとう」って抱きしめてくれました。

本心を言えば、「籍を動かす」ことに100％納得できたわけではなかったのです。でも70％の納得でおさめられる方法があるなら、それで笑顔になってくれるなら、やってみる価値があるのではと思いました。

その後も何度となく、やっぱり違うんじゃないか、他に方法があるんじゃないかと迷ったこともあります。だけど、あの日の笑顔が忘れられなくて。ｒｙｕｃｈｅｌｌが前に進める、楽に生きられる方法なんだと思えば、やってみるしかないやん、と覚悟を決めました。

家族や愛について、それぞれの考え方

平行線ということでいうと——もちろん育ってきた環境も違うし、当たり前のことですが——わたしたちの間には「家族」や「親子」や「愛」について、根本的な考え方の違いがあると感じています。

ｒｙｕｃｈｅｌｌは、「愛はお水のようなもの。コップいっぱいにお水を入れて、あふれたものが下にどんどんこぼれていくように、自分がちゃんと幸せじゃないと、子どもに愛は与えられない」と言います。

だけどわたしは、親ってそんなもんじゃないと思うのです。もちろん親も１人の人間だから、ハッピーで、満たされているという気持ちは大切。でもどれだけ自分がつらくて苦しい状況にあっても、子どもに愛を与えるのが親の役目なんじゃないかなと。それができない、しないのは、弱さじゃないかと思ってしまいます（これを言うとｒｙｕｃｈｅｌｌ

とまた討論が始まるのですけれど）。

わたしたちが「新しい家族のかたちになる」と発表してから、ファンの皆さんを含め、いろんな方から優しい言葉をもらいます。中でも多かったのが、「ｐｅｃｏちゃんが幸せだったら、息子くんも幸せなのだから、何があっても大丈夫だよ」という言葉でした。

それはとても嬉しかったのですが、なぜだかどこか、しっくりこない自分がいました。

同じ頃、幼いときに両親が離婚し、お母さんと2人で暮らしている友だちと会う機会がありました。「いろいろ苦労をしたけれど、今は幸せそうで良かったと思ってる」という話をしてくれました。そして「自分は小さいとき、ママが幸せなことが何より嬉しいと思っていた。だから息子くんも、絶対そう思ってくれるよ！」と、励ましてくれたのです。

そのとき、はっと気づきました。

わたしは今まで、自分のお母さんが「幸せだったらいいな」「お母さんが幸せになりますように」と願ったことが一度もありませんでした。ごく当たり前にお母さんとお父さんがいて、すれ違いやケンカはあっても、毎日家族がいっしょにいることが自然のことで、そのかたちが崩れるとか壊れるなど想像したこともなかった。

自分の幸せ、自分のやりたいこと、自分の未来だけを考えて、自由に生きてこられた。それって、なんて幸せなことだったんだろうと。

もちろんその友だちとママの関係も最高に素敵だし、励まそうとしてくれたファンの皆さんの気持ちも本当に嬉しかったです。

息子もたぶんこれから、わたしたちのことでいろんな心配を抱えることがあると思います。だけどその心配を、できるだけ少なくしてあげたい。目の前に大好きなダダとママがいる風景が当たり前と思っていてほしい。

話し合いが平行線だった時期、わたしはｒｙｕｃｈｅｌｌに「息子が毎日笑って、健康でいてくれることより幸せなことなんてないじゃない。これ以上、あなたは何を求めているの？」と言ったことがあります。その息子の笑顔の先にはダダとママの存在があるのは、大きなことだから。

「ママが幸せだったらぼくも幸せだよ」なんて言葉を息子がもしいつか言ってくれたら、もちろん嬉しいし、なんて優しい子なんだろうと感激するはずです。だけど同時に、どこか切なくなる気もして。息子には、「ママの幸せ」を心配してほしくない。大人になるまでは、自分の思いのままの人生を歩ませてあげたいと切実に思うのです。

もちろんそのためには、つらい気持ちになる瞬間がこれからもあると思います。息子を寝かしつけてから何度キッチンで泣いたかわかりません。

ある友だちからは「泣いている姿を見せてもいいんじゃない？」と言ってもらいました。泣き虫なわたしは、悲しい映画を観たりして息子の前で大泣きすることは多いです。だけど、今はだめ。息子だっていろんなことを気づく年ですから、今めそめそしていたら、「ダダがママを悲しませた」と思うかもしれない。圧倒的に息子はわたしと過ごす時間が長いのですから、それで「ママを悲しませるダダなんて嫌いだ」と思わせるのは、わたしは絶対嫌なのです。

ryuchellもわたしたちのことを大事に思い、家族3人でいっしょにいるにはどうしたらいいか真剣に考えてくれているのを知っているから。

嘘がなかったことは素直に信じられる

「ｐｅｃｏちゃんは他の男性と幸せになった方がいいよ」という励ましの言葉もいただきます。わたしがもし逆の立場だったら、同じアドバイスをしていたかもしれません。「まだまだ若いんだし、世の中にはもっと素敵な男性もいるじゃない」と。

だけど、ｒｙｕｃｈｅｌｌを家族として本当に大事に思っているし、息子にとってのダダとママの関係を壊したくないということでも、その選択肢は今、まったくありえないのです。わたしが「妻」という立場にこだわっているという誤解もあるかもしれません。だけどそれも違っていて、大事にしたいのは３人が「家族」であるということだけ。

たぶん身近な人もまったく気づいていないと思うのですが、ｒｙｕｃｈｅｌｌがカミングアウトをしてくれた次の日から今日まで、１回たりとも、対外的にｒｙｕｃｈｅｌｌのことを「夫」や「主人」「旦那さん」と呼んだことはありません。それまで普通に息子のスクールのママ友に「今日は主人が仕事で遅いんですよね」と話していたのが、「パパは仕事で遅いんです」と自分の中で意識的に変えていきました。

そういえばたった一度、ｒｙｕｃｈｅｌｌが食中毒みたいなものになって救急車を呼んだときに「どういうご関係ですか」と言われて、しぶしぶ「妻です」と答えたっけ。そのときくらいです。

考えてみれば、普段の生活を送る中で「わたしは法的な妻です」とわざわざ言うことはない。家族で暮らす家に戸籍謄本を貼っているわけでもありません。今回のことがなかったら、意識もしないで一生終わったかもしれないことですが、戸籍ってつくづく不思議な制度なのだと思います。

出会ってから今までの8年間が「嘘だったということは絶対にない」

とｒｙｕｃｈｅｌｌは言ってくれました。そのことは素直に信じられたのです。ずっと話していないことがあったのは事実でも、「嘘をついていた」わけではないと思ったから。

以前に俳優の芦田愛菜《まな》さんが、映画『星の子』の完成報告イベント挨拶で、「信じる」ことについて、「裏切られたとか期待していたのにとか言うけど、その人が裏切ったわけではなく、その人の見えなかった部分が見えただけ。見えなかった部分が見えたときに、それもその人なんだと受け止められる、揺るがない自分がいることが信じられることと思いました」と話していたことがありました。

初めて聞いたときには、「高校生なのにすごいしっかりした考えだな」と思っただけでしたが、その言葉がふとよみがえってきて。見えなかった部分が見えても、改めて受け入れて、その人を大切に思うことはできるんじゃないかと今は思っています。

何でも2人で話し合ってきた

ｒｙｕｃｈｅｌｌが自分の心の変化に気づいてから、ずっと１人で悩んでいて。でも最終的に打ち明けてくれたとき、「話してくれてありがとう」って心から思いました。

インスタグラムでこれからのわたしたちについて発表したときに、わたしは「墓場まで持っていってほしかったと一瞬たりとも思ったことはないと言えば嘘になります」と書きました。

ネットの記事などでは、そこの部分だけセンセーショナルに切り取られてしまったけれど、そこには続きがあって、「だけどそれ以上に、もしほんとうにりゅうちぇるがこの先何十年、おじいちゃんになるまでひとりで抱え込み続けていたらと思うと本当に怖いし、こうして今生きて、勇気を振り絞ってわたしに打ち明けてくれたことに、ありがとうの気持ちでいっぱいなのです」と書きました。

きっと、誰よりも本当のことを話したかったけれど、誰よりも伝えるのが怖かったと思うのに、勇気を持って打ち明けてくれたのも、出会ったときからずっとずっと、楽しいことも悲しいことも嫌なことも、何でも2人で話し合ってきたからだと思います。

世の中に対しては、何も言わないことで変な憶測をされることが嫌でした。「夫」という言葉を微妙に避けるようになったことで、「実はうまくいっていないんじゃないか」。ジェンダーレスな見た目や発言が増えることで、「本当は男が好きなんじゃないか」。忙しくて家にいないことを、「もう別居しているんじゃないか」。そういう噂や想像で、わたしたち家族のことを語られることの方が、何百倍も悲しいことでした。

8月25日のインスタグラムでの発表は、事務所の人たちやお互いの家族とも話し合い、直接的な言葉は避け、できるだけ刺激の少ない文章を考えました。どストレートに直訳すれば、「もともと男性が好きだったのですが、ｐｅｃｏと出会って初めて女性が好きになりました。でもやはり本当の気持ちが出てきてしまったので、夫婦という関係ではなくします」ということなのですが、それはそれで世の中の皆さんに与える衝撃度がすごいことになるだろう、深い部分の気持ちも誤解されてしまいやすいだろうと思ったんです。

結婚して、一人の命が生まれてきてくれる重み

インスタグラムでの公表後、ありがたいことにファンの方たちを中心に応援してくださる方は増えているし、おかげさまでいろいろな方面のお仕事をお声がけいただいています。ありのままの自分を受け入れてもらった嬉しさは、ｒｙｕｃｈｅｌｌ本人も感じていると思います。

だけど同時に、センシティブにもなっていて。心のバランスがネガティブな方へぶれているときは、「発表しなければ良かった」「こんなに苦しいと思わなかった」と訴えてくることもあります。

本当の自分をわざわざ世に公表する義務はもちろんないし、今まで「見せないでおく」とｒｙｕｃｈｅｌｌ自身が決めていたように、見せていなかった姿を見せるかどうかはその人自身が決めることです。

だけど、わたしたち家族のかたちが変わることを世にお伝えするなら

ば、これまでわたしたちのことを「カップル」「夫婦」として信頼してくださっていた方も多いのですし、簡単な理由で、簡単な思いでのことではないということは、お伝えするべきだよね、とわたしは話しました。

何より、〝結婚をして、子どもが、一人の命が生まれてきてくれる〟ことの重みは、絶対に理解しておくべきことだと思ったから。だけど、プライベートなことだし、いろんな考えの方がいることは当たり前なので、ｒｙｕｃｈｅｌｌが本当の自分を世にお伝えすると決めてからも、何度も「本当にいいんだよね？」と確認しました。

そして最終的に、自分自身で公表すると決めてくれました。

そんな中、「自分の中で糸がぷっつり切れた気がする」と言うから、「そんなに弱い糸やったん？」と言い返して、「いや、弱かったらここまで頑張れていないよ」「じゃあもう一度結んだら？」と言い合いもしました。

また、「わたしはこれからもｒｙｕｃｈｅｌｌを傷つけないとは言えないし、ｒｙｕｃｈｅｌｌもわたしを傷つけることがあると思う。そうやってこれからも、山や谷を乗り越えていかなきゃならない。でもそのダダとママの姿を、息子に見せていくことが大事なんじゃないの」と言いました。

息子から見たとき、「ダダはすごく大変な思いもしたけど、自分のために家族を守ってくれたんだな」ときっと思えるだろうから。

そのためには、お互いの嫌なところ、自分が傷ついたことに目を向けすぎないで、お互いの良いところ、今ある幸せにスポットライトを当てていこうよと伝えていきたいです。

息子が元気で、ｒｙｕｃｈｅｌｌも笑ってて、アリソンも楽しそうに遊んでる。これ以上の幸せってある？　と思います。

数日前、ｒｙｕｃｈｅｌｌが少し早く帰って来られる日があって、久しぶりに1時間くらい、しょうもない話をして2人で大笑いしました。ｒｙｕｃｈｅｌｌが仕事先であったおもしろい話をしてくれて、わたしもアリソンと息子の「きょうだいゲンカ」の話をしたりして。同じことで笑って怒って、何でもしゃべれる相手に会えて、良かったなって。わたしたちにも幸せのスポットライトが当たった夜でした。

息子には恥ずかしいことじゃないよと言いたい

ｒｙｕｃｈｅｌｌは家事もやってくれます。最近は忙しくてなかなかできないけれど、時間があるときは食器洗いや掃除をやってくれます。わたしより手際が良くて早いです。どんなに忙しくても、お風呂のあとに洗濯物を干して浴室乾燥機をかけることは忘れずにしておいてくれます。

仕事のスケジュールを見て明日はスタートが遅いことがわかれば、息子の学校の送り迎えもしてくれます。休みの日に、アリソンの散歩に息子と2人で行くこともあって、それは本人にとっても良い気分転換になっているみたいです。

息子と過ごす時間はわたしの方が長くなってしまうので、家の中で息子には、ｒｙｕｃｈｅｌｌの存在をできるだけ意識させるようにしています。

たとえばクリスマスツリーを息子は早く出したがったけれど、「大きなツリーだからダダとみんなで出そう」と言って、1週間ほど我慢してもらいました。わたしも頑張れば出せないことはないのですが、ダダとしての役割を作ってあげたいし、息子にも「ダダありがとう！」と思ってもらいたい。

息子が新しく習い事がしたいと言ったときや、少し高価なおもちゃが欲しいときも「ダダにお願いしてごらん」と言いますし、「ダダがお仕事がんばってくれてるから叶うんだよ」ということも話します。

毎晩寝る前に息子に「大好きだよ」と伝えるときも、「ママもダダもアリソンも、みんなあなたが大好きだよ」と伝えます。

絶対に息子の前でｒｙｕｃｈｅｌｌの悪口は言いません。たとえはらわたが煮えくり返るようなことがあっても、息子には「ダダはお仕事大変だね」って。どうしても我慢できないときは、友だちに盛大にグチって発散しています（笑）。

息子はまだ4歳ですし、周りの優しい人たちに守られて、何か嫌なことを言われたりすることは避けられていると思います。ただ今後、もう少し大きくなったときに「お前のお父さんは女なんだろう」と言われることもあるかもしれません。もし息子が悲しい思いをすることがあっても、わたしは「何も恥ずかしいことじゃない」と胸を張って言える自信があります。

「あなたはダダとママに愛されて生まれてきたんだよ」と心から言えるし、これからもそう信じていけるように、家族の土台をしっかり築き上げたい。そういう気持ちが今はすごく強いです。

男の人が男の人を好きになることもあるんだよ

　ｒｙｕｃｈｅｌｌもＬＧＢＴＱについて語るお仕事が増えているように、世の中は多様性を受け入れる方へ変化しています。それでもやっぱり、自分たちの考えとは反対のことを言う人はゼロにはならないから、息子には、自分を強く持てる子に育ってほしいと思います。

　息子には「男の子でも男の子が好きな人もいるんだよ」とか「女の子だけど、心は男の子という子もいるんだよ」という話はしていました。家には『いろいろ　いろんな　かぞくの　ほん』（少年写真新聞社）という絵本があって、そこにはママとママがいるおうち、パパだけのおうち、おじいちゃんとおばあちゃんが親代わりのおうちなど、いろんな家族が載っています。

　小さいときから「男の子はこうじゃなきゃ、女の子はこうじゃなきゃいけないってことはないんだよ」という話もしてきたので、息子も小さい頃からディズニーのプリンセスが大好きですし、4歳の誕生日プレゼントも『美女と野獣』のお城でした。

今回のことを話すときも、「ママがいつも言ってたように、男の人が男の人を好きになることもあるんだよ」という説明はわりとすんなりできたと思います。「それはどう思う？」と聞いたら、息子は「すごくハッピーなこと」と言ってくれて。100%事情はわかっていないにしても、誰かが誰かを好きになるのはハッピーなことで、「変なことじゃない」と思ってくれたことも、これまで話していたことがちゃんと届いていたんだなと嬉しく思ったのです。

もう一つ最近とても嬉しかったというか、子どもってすごいなあと思った出来事がありました。わたしと息子、息子のお友だちの女の子とそのママの4人でうちの車に乗って出かけていたんです。その少し前にryuchellがスマホにつけていた、お花やビーズのすごくかわいらしいストラップが切れてバラバラになってしまって。それが車のポケットに入っているのをお友だちが見つけて、「これかわいいね、なんでここにあるの？」と聞いたんです。

そうしたら息子が「ぼくのパパのだよ、パパはかわいいものが好きだからさ」とさらっと言ったあと、「ぼくは、かっこいいのが好きだけどね」って続けて言ったのです。

パパでもかわいいものが好きでいいんだってことが当たり前。パパは パパ、自分は自分で好きなものが違うのも当たり前。それをちゃんとお友だちに伝えている息子が誇らしかったし、泣きたくなるくらい嬉しかったのです。

CHAPTER 5

My Son

◆ ▼ ■ ●

子育てについて

離乳食を作るまで、料理したことがなかった

インスタグラムやＹｏｕＴｕｂｅで家での様子をお伝えしたり、ファンの方から悩み相談を受けるとき、「ｐｅｃｏちゃんが子育てについて考えていることを知りたい」とコメントをいただくことがあります。

わたしなんて息子が生まれてから今までの、ほんの短い時間しかママをやってきていません。ぜんぜん未熟者だし、偉そうなことは何も言えないと思います。

たとえばインスタグラムにアップしている息子のお弁当は、地味なおかずを詰めただけの、ごくごく普通のお弁当なんですよ。インスタグラムにはもっと他に、豪華だったりきれいだったり、海苔でヒゲを作った猫さんのおにぎりとか、「何これ、すごすぎるやろ！」ってお弁当がいっぱいアップされていますよね。

なのになぜ、何でもないわが家のお弁当をアップするかというと、見てくれた人に「なーんだ、これくらいでいいんだ」と思ってほしいから。時間がないときは冷凍しておいたパスタをチンして入れちゃえ、みたいなレベルでも、息子が空っぽにして帰ってきてくれてるからぜんぜんオッケー。わたしの子育ては、そんな感じの毎日なんです。

「いいママだね」と言っていただくこともありますが、もしＹｏｕＴｕｂｅでわが家の一日を生配信したら、「ぜんぜん違うやん」ということがわかってもらえるはずです（笑）。

　普段はめっちゃ口うるさくて、喉が痛くなるくらい怒鳴ってしまうこともあります。息子に「遊んで」とお願いされても、他にやりたいことがあったらうまく逃げちゃうこともあったりします。けっこう適当で、いい加減なママです、わたし。

インスタグラムに投稿した息子のお弁当を見た中学・高校時代の友だちから、「てこが料理してる！」「包丁持って大丈夫なん？」というメッセージが届きました。

わたし、息子が生まれて離乳食を作るまで、料理はいっさいやらなかったし、できなかったんです。大阪の実家でお手伝いをするときも、テーブルにみんなのお箸を並べるくらいでした。

結婚してからもお仕事が忙しかったこともあって、食事は外で食べるか出前をとるかの２択でした。

バレンタインにチョコレートを電子レンジで溶かそうとして爆発させて火災報知機を鳴らしてしまったり、ポットからお湯を注ごうとしただけなのに手を大やけどしたり。「危険やから、キッチンに近づくな」と言われるレベルでした。「卵を常温に戻しておく」とレシピに書いてあったので、ベッドに卵を置いて、布団をかぶせ、温めていたこともありました。
離乳食を作ろうと思ったとき、包丁で野菜を切るのも最初はおっかなびっくりでした。だけど、息子がちゃんと食べてくれる！　と思えばやる気になりました。

息子は好き嫌いがあまりなくて、何でもよく食べてくれたのも励みになりました。全部が全部おいしいかどうかは別として、自然と毎日３品くらいおかずを作れるようになっていて、おかずが並んだテーブルを見て「人間やればできるもんなんやなあ」って自分でも時々驚いてしまいます。

「自分にちゃんと子育てできるだろうか」と不安に思う人が増えていると聞きました。あまり安易なことは言えないけれど、自分のことを振り返ったときに、「こんなわたしだってママができてるよ」と言いたいです。

家族について何を言われても平気

出産したのが23歳になってすぐと若かったし、２人ともああいうファッションだったから「親らしくない」とか、「ちゃんと子育てできるの？」と心配していただくことも少なくはありませんでした。

わたしは、ＳＮＳで子育てのことや、わたしたち家族のことで何を言われてもぜんぜん平気です。

もし否定的なことを言われても、「はい、わかりました。あなたはそうなのね」とスルーすることができます。たぶん基本には親切心があって、良かれと思って言ってくださっていることは理解しています。ただ、わたしは自分が決めたことについては、誰かに何かを言われたから、とすぐに考え方ややり方を変えるということはあまりできません。

それを強烈に感じたのは、妊娠を発表したときでした。「ママになるんだから髪は黒く染めてね」とか、「足を出すような格好はだめだよ」など、スマホの通知音がやまないくらいコメントをいただきました。もちろん優しさからアドバイスしてくれているのだと思います。

でも、わたしには関係ないって思っていました。怒りにはならなかったけど、なんでそんなことを言うんやろうって不思議に思っていました。

育児書はあまり読まなかったけれど、わたしはインスタグラムなどで育児についての疑問を調べたり、子育てのヒントも常に探しています。今、子育てを頑張っているママやパパたちだって自分なりに調べて考えて、いいと思ったことを実行していると思うので、他人からのアドバイスに無理に合わせる必要はないかなと思っていました。

みんな、もっと自分のやり方に自信を持って子どもと過ごしたらいいなと思います。

新米ママが子育てで最初に悩むのは、赤ちゃんの夜泣きかもしれませんね。

息子も、10カ月の頃までは本当に寝ない子で、夜中に何度も起きては、ずーっと泣きっぱなしでした。ママは眠いんだよ～お願いだから寝かせてよ～と思っていました。

もし今、もう一度あの夜を毎日過ごせる？　と聞かれたら「いやいや、絶対無理！」と思います（笑）。でもその真っただ中にいるときには、「あれ？　予想してたよりぜんぜんしんどくないやん」と思っていました。

わたしは何かことを始める前に「最悪の状況」を徹底的に想像します。子どもが生まれてきてくれたら自分のことは何一つできない、体も心もボロボロになるくらいの覚悟でいたんです。

そのせいか、細切れでもけっこう寝れるやん、ｒｙｕｃｈｅｌｌが家にいれば１人でお風呂だって入れるやんって、だいぶ気楽に子育てができるようになりました。「何事もしんどいで、大変やで」と覚悟していた方が、あとになって気が楽かもしれないと思っています。

そんな気持ちのゆとりがあったためか、「赤ちゃんっておもしろいなあ」と観察する余裕がありました。夜泣きして寝ないとき、眠いはずなのに、なんで寝ないんやろ？　と思いネットで調べたら、「赤ん坊は、眠って意識が遠のく瞬間が怖いからなかなか寝ない」と書いている人がいて、寝るのが怖いってめっちゃかわいくておもろいやーん！　ってなりました。

その記事を読んでから、息子が夜泣きをしたときは、「大丈夫、朝になったら目が覚めるよ、怖くないよ」と話しかけるようになりました。

息子には自分を好きになってほしい

息子に「こんなふうに大きくなってほしい」という、夢というか想いはあります。

そういう軸さえしっかりあれば、息子を叱るときや褒めるときに、どんな言葉で、どんなふうに伝えたらいいんだろうということがわかってくるような気もします。かける言葉を選びやすいし、接し方も迷わないかなと。

息子には、「自分を好きになってほしい」と思っています。どんな大人になってもいいし、何をして暮らしてもいい。ただ、自分を好きでいてくれたらそれでいいと思います。

わたしも大阪の家族からそう言われて育ってきたし、家族の応援があるから、どんなことが起きたとしても「わたしは大丈夫」と気持ちを強くしていられるのだと思います。

毎日数えきれないくらいに「それいいじゃん！」って息子を褒めています。たとえば、絵を描いて見せてくれたら、「いい色！」。ディズニーの曲を聴きながらダンスをしていたら、「すっごく、いいダンス！　よくそんなすてきなダンス思いつくね！」など。洗い物をしていて、実は息子が話している内容がはっきり伝わっていなくても、「それはいい考えだねー」って話を合わせちゃいます。

ちょっと濫用ぎみかなあとも思うけれど、おかげで息子は自信満々。自分から、「ねえこれ見て」「ぼくはこう考えるんだけどさ」など一生懸命聞かせてくれます。

怒るときも、全否定はしないようにだけ気をつけています。たとえば息子はものすごくマイペースでのんびり屋さんなので（完全にダダの血を引き継いでいます〈笑〉）、朝、スクールに行く支度が遅くて、怒ってしまうこともよくあります。でもひと息ついたら「急かしてごめんね。でも、あなたののんびりしたところも、ママ大好きだよ」と付け加えます。その後、「でも、学校に行く時間は決まっているからお約束の時間に間に合うようにしないといけないよね」と言います。息子が「わかった」と言ってくれて、「聞いてくれてありがとう」と伝えるまでがワンセットなんです。

そして怒ったあとは、絶対ハグをします。

ハグはそれこそ、一日何回もしています。おはようのハグ、いってらっしゃいのハグ、おかえりのハグ、おやすみのハグ。嬉しいね、悲しいね、大丈夫だよ、ありがとう。いろんな気持ちをハグで伝えます。

「30秒ハグするだけで、人間のストレスは3分の1減る」という説を聞いたことがあって、確かにそうだなと思いました。わたしも息子のやわらかい体をぎゅっとすると気持ちが優しくなれるし、息子もハグされるのが大好き。いちばん簡単に愛を伝える方法だと思っています。

息子の学校はインターナショナルスクールなので、スキンシップを大切にする人が多いのかもしれません。学校のお友だちとママ、パパもめっちゃハグし合っていて、その姿がとっても素敵だなって思います。

でもいずれは「ママもう恥ずかしいからハグしないで」と拒否されるようになるんでしょうか。想像するだけでショック！

ハグについて、ママ友と話したことがありました。

子どもが大きくなると、だんだん体のことに興味が出てきますが、それでお友だちと何かトラブルにならないように、親としてどう伝えていったらいいんだろうとママ友といっしょに調べたことがあったのです。

調べたら、体には、プライベートゾーンといって、みだりに他人に見せたり触らせたり、他人が見たり触ったりしちゃいけない部分があるということがわかりました。ある程度の年齢になったら、ママのおっぱいを「触りたい」と言っても触らせない。親も、子どものプライベートゾーンには触らないようにする。「その代わりにハグがある。スキンシップはハグで十分」と書いてあって、ハグの大切さを改めて知りました。

以前は東京ディズニーランドに行ってもすぐに「疲れたから抱っこして」って言っていたのに、最近では朝から晩まで1人で歩いてくれるようになって、すごく成長を感じます。

逆に、「抱っこ」をせがまれたときは、どんなに疲れていても絶対抱っこしてあげたいと思うようになりました。重くて1分ももたないけれど、気合を入れて頑張ります。たまに「ママのおひざでご飯食べたい」と言ってくれる日もあって、「特別だよ」ってくっついて食べるときもあります。マナー的にはあまり良くないのかもしれないけれど、内心とってても嬉しいです。

自分で決めたことには責任がある

息子には、「自分のことを好きでいてくれたら、それだけでいい」と思っていましたが、最近もう一つ増えました。それは、「責任感のある大人になってほしい」ということです。

まだ小さいので難しいことはわからないと思いますが、自分が決めたことには責任があるということを、ちょっとずつでもわかってほしい。

朝学校へ行く前、「テレビが見たい」と息子が言ったとき、「いいよ。支度が全部終わってからね」と伝えます。でも息子はマイペースで支度もゆっくりです。わたしは途中で「テレビ見る時間がなくなるよ」と声をかけるけど、やっぱり早く支度をしようとならない。なのでもう、放っておきます。

学校に行く直前になって、「テレビは?」と言うので、「もう見る時間ないよ、なんでないと思う？」「うーん、ぼくがゆっくりだったから」「そうだね」と伝えます。機嫌が悪ければ泣いて怒ることもあるけれど、そうでもない日は素直に納得してくれます。

　早く準備ができて、テレビも見ることができたら、学校に向かう車の中で「今日、めっちゃ早かったね！　だからテレビも見られたね。すごい！」と褒めまくります。

　次の日は、「もしかして、昨日より早くできるんちゃう？」と声をかけると、すごい勢いでお着替えしてくれたりして。

　ゆっくり支度すると、テレビが見られなくてつまらない。早めに支度すると、テレビも見られて嬉しい。まずはそれがわかってくれたら、いいのかなと思ってます。

　ただ、他の子と比べることは絶対にしません。比べるのは過去の自分で、周りとは比べないということは心がけています。

言葉を選んで褒めるようにしている

わたしは高校までバレエを習っていましたが、バレエは人と比べられる世界です。あの子の方が足が上がる、あの子の方が細い、たくさん回れるなど。でもわたしのお母さんは、一度たりとも、わたしを人と比べるということをしたことがありませんでした。あんまりバレエに詳しくなかったから、評価するポイントがわからなかったのかもしれないですけれど。

今でも、初めてバレエの舞台の主役に選んでもらったときに、お母さんが「ずっとこのためにがんばってきたんだもんね」とすっごく喜んでくれたことを覚えています。何も言わないけど、ずっと見ていてくれていたんだなって気持ちが伝わってきたんです。

息子は今、ダンスを習っています。大好きで夢中になっていることだから、いっぱい褒めてあげたい。

学校でみんなとダンスを踊ったときは「あなたがいちばんかっこよかった」「いちばん元気に踊れていたね」と言っていたのですが、あんまり「いちばん」を言いすぎると「〝二番〟じゃだめなのか」と思ってしまうのかなとちょっと悩んだり（気にしすぎ？）。

だんだん上達して、周りと比べられる機会も増えてきたら、「〝一番〟がいちばんじゃなくて、自分ががんばっていればいいんだよ」と声をかけるようにしたらいいのかなと思っています。

字を書くことなど息子がまだ得意じゃないものを褒めるときにも工夫が必要と思っています。だから「すごく大きく書けてるね」とか「勢いがあるなー」みたいに言葉を選んで褒めるようにしています。

息子が友だちについて、「あの子は走るのがとっても速いんだ」と話してくれたことがありました。それって、自分より優れていることをちゃんと認められたってこと。だから、「あなたがそうやって、お友だちの素敵なところを見つけて、『すごいね』って言えることが、ママはとっても素敵だと思うよ」って、ぎゅっとハグしました。

これから年齢が上がるにつれて、どうしたって周りと比べられることも、人と比べてしまうことも増えてくると思います。でも、自分は自分だって思う強さと優しさを、ずっと持っていてくれたらって思います。

居場所があることで気持ちが強くなれる

息子は、バレエと体操を習っています。家でもディズニーの曲をかけては、「ママ、ぼくのショーを観て！」と踊ってみせてくれます。「自分はこれが好き」というものをずっと持ち続けてくれたら……と思っています。

わたしは学校で、友だちとの毎日もとても楽しかったけれど、いちばんしっくりくる居場所はバレエとファッションでした。もし他の場所でうまくいかないことがあっても、「わたしにはこれがある」という自信があることで、気持ちが強くなれました。

息子は絵を描くことも好きで、ずっと夢中になって描いています。時間を忘れて楽しめる何かがあれば、きっとこの先の人生も、充実したものになるんじゃないかと思うのです。評価されるかどうかは関係なく、それをやっていれば純粋に楽しいし、時間を忘れて夢中になれるということをずっと見つけていってほしいと思っています。

わたしのＳＮＳには、高校生くらいの若い子たちが相談を寄せてくれることがあります。「自分には夢がない」「将来、何をやりたいのかわからない」といった悩みが書いてあることがあるのですが、きっとあなたも何か好きなことがあるでしょ？　って思うんです。

たとえば、自撮りが好きだったら、写真を撮ること、きれいに写るためにメイクすること、服を選ぶことを追求してみたらどうでしょうか。わんちゃんが大好きだったら、動物のお世話なのか、病気を治してあげることなのか、それこそ保護犬の活動なのか、したいことが広がるはず。自分の「好き」から、いろんな可能性が見えてくるんじゃないでしょうか。

今はＳＮＳで、簡単に人からの評価をもらえたり、逆にもらえなかったりという結果が見えてしまうので、純粋に「自分はこれが好き！」という感覚が持ちにくいのかなと思うと、それもかわいそうな気がします。わたしがブログを始めた頃は、勝手に「わたしはこのファッションが好きです！」と発表するだけで満足だったから。

ＳＮＳを使う年頃になったら、息子もそうした他人の評価にいやおうなくさらされていくのでしょう。だからこそ、小さいうちは「あなたが最高！」「ママはいいと思う」と、いっぱいいっぱい、言ってあげたいと思います。

「いつもちゃんと褒めてあげることができてえらいね」と言ってもらうけれど、いやいや、その倍以上怒ってます。

食事のマナーについてはわたしのお父さんも厳しかったので、細かく注意してしまうことがあります。ほんと、言葉を選ばずに言えば、ガミガミババアです（笑）。

たぶん食の細い子だったら、「食べてくれるならマナーはあとからでも」と思えたのかもしれませんが、息子はわりと食べてくれるから、「それならマナーも」と欲張ってしまうのかもしれません。周りのママたちみたいに、おおらかに見守ってあげられたらいいのにって思います。

「やって！」じゃなくて「やってくれる？」

忙しいとつい、キツい調子で「○○やって！」と息子に言ってしまいそうになるけれど、「やってくれる？」という言い方をするようにしています。

「やってくれる？」と言って、子どもに選ばせることが大事だと、どこかで聞いた覚えがあります。

アリソンのおトイレシートを替えてもらうことがあるのですが、やってくれたら「ありがとう！　ママめっちゃ助かるわ」と感謝します。すると、頼んでいないのに汚れていたら替えてくれたりします。もちろん、頼んでもやってくれないことだってありますが。

この前、一度も頼んだことがないのに「洗面所がびしょびしょだから拭いておくね」ときれいに掃除してくれてびっくりしたことがありました。玄関をほうきで掃き出したときは、「ぼくのおくつ、お砂でいっぱいだったからさ」と。なんだかすごく成長したなあって、嬉しくなりました。

小さい子だから失敗もあります。コップを運んでくれようとしたとき、コップを落としてしまったり。息子が、そして、わたしのカッとする気持ちも落ちついたら、「ありがとう、運んでくれようとしたんだね。今度からは、コップは２つのお手々で持とうね」と伝えます。

子どもがやったことを「否定」するんじゃなくて、「正解」を教えてあげるのがいいと、インスタグラムで書いている人がいました。たとえば「走っちゃダメ」ではなくて、「ゆっくり歩こうね」と伝える。「片手でコップを持つから落とすんでしょ！」と責めるよりも、「次からは両手で持とうね」と教えた方が、子どもも納得するみたいです。

わたしは短気だから、つい怒っちゃうこともたくさんあるのですが、そのあとには絶対「今度からはこうしようね」と伝えることは忘れないようにしています。

お風呂に入るタイミングについても、少し前までは、「早く入るで！」って急かしてばかりでした。でもせっかくのリラックスタイムにイライラするのはもったいないと思って、「ママ先に入ってるから、好きなときにおいで」と言うようにしました。

「ぼくが先に入りたかったのに！」と言ったり、「ママ先に入ってもいいけど、自分を先に洗ってほしい」など言われたこともあります。……いや、ほんならお風呂の中で何しとんねん（笑）。そこで、髪の毛以外の場所を先に洗って、「ママは洗ってへんで」というふりをします。息子が入ってきたら「さあ、あなたを先に洗いましょう」って。

最近は、「ママが先にシャンプーもしていい？　そうしたら少し早くお風呂終わって寝る前に絵本2冊読めるよ」と言うと、すんなり「いいよ」と言ってくれます。

「読んでもらえる絵本が1冊から2冊になる」という方がわかりやすいのかもしれません。

歯磨きもお風呂でしたがらなかったけれど、「お風呂で磨いておいたら、パジャマに着替えたあとでまたお水出してくちゅくちゅぺーする時間がなくなって、すぐベッドに行けるんやで〜」と伝えたら、「じゃあそうする」って。わたし、時短ばっかり気にしてるみたいですが（笑）。

こうしなきゃダメと叱るより、こうした方が快適だよ、便利だよ、おトクだよって示してあげます。まあまあ手間のかかることではありますが、子どもといっしょに楽しむ気持ちで学ばせてあげたいなと思います。

大人も間違えるんだよって伝えたい

この先のことはわからないけれど、息子にとっていちばん身近にいるわたしやｒｙｕｃｈｅｌｌが見本なんですよね。影響力も大きいと思うし、自分の思い通りに洗脳することも簡単にできちゃうと思うと怖いですね。

最近では、「ママも間違えることがあるんだよ」って伝えるようにしています。昨日も、「ディズニーランドのご飯屋さんに、このキャラクターのおもちゃがあったよね」と息子に言われて、「わからないなあ」と答えたら、「なんでわからないの？」とめちゃくちゃ怒られたんです。

そのとき、「あなたが一生懸命話してくれたのに、ママわからなくてごめんね。ママもわからないことや、忘れちゃうことがいっぱいあるんだ。全部を知ってるわけじゃないんだよ」という話をしました。

息子が大切に思っている人の悪口を絶対に言わないようにしています。学校の先生のことをわたしが悪く言ったら、子どもは先生への信頼がなくなってしまうかもしれません。

息子はダダのことも大・大・大好きだから、わたしとｒｙｕｃｈｅｌｌがピリピリしていても、息子には伝わらないように注意していました。言いたいことがある、そういうときは「ダダったら、また洋服を裏返さないで洗濯機に入れてるよ〜」と行動にダメ出しをし、ｒｙｕｃｈｅｌｌ本人のことを悪く言うことは絶対にしないようにしていました。

息子といっしょにいるとき、「ｐｅｃｏちゃんですよね？」とファンの方に声をかけていただくことがあります。息子が不思議がるので、「ママのことを応援してくれてる人だよ」と教えています。

そんなふうに応援してくれる人もいっぱいいるけれど、このお仕事をさせてもらっている限り、息子には嫌な思いをさせてしまうこともこの先きっとあるだろうと思います。

だからこそわたしは、「息子から見て、恥ずかしくないことをしていこう」って思っています。それだけは、ずっと心に決めているんです。

EPILOGUE

いっしょにやらない？　と誘ってくださった若槻さん

２０２２年３月、わたしがディレクターを務めてきたブランド「Ｐｅｃｏ Ｃｌｕｂ」を終了することになりました。スタートは２０１５年。当時大好きだった90年代のテイストを意識したお洋服や小物のデザイン、期間限定でオープンしたお店のコーディネートも本当にやりがいがあって楽しくて。何より「ｐｅｃｏちゃんの作るお洋服が大好き！」と言ってくださる皆さんと出会えたことが、本当に幸せでした。

できればずっと続けたかったけれど、ブランドをいっしょに作ってきたチームがそれぞれの道を進むことになったことと、わたしも家族のこれからを考えなきゃいけない時期がちょうど重なって。このままディレクターとして、大切な「Ｐｅｃｏ Ｃｌｕｂ」を中途半端に続けることはできないと強く思ったのが、決断の理由でした。

インスタグラムで終了のお知らせをしたときにも、「やめないで」というコメントを、本当にたくさんいただきました。

わたしが通う美容室で「ファンの子から『ブランドを再開するってｐｅｃｏちゃんが言ってませんでしたか？』と聞かれたよ」と教えてもらったり。仲良しの古着屋さんで、「『ｐｅｃｏちゃんが作る洋服じゃないと、コーディネートが決まらない』と困ってるお客さんがいるよ」といったありがたすぎる声も耳にして。

会社を作ることも考えましたが、個人でブランドを立ち上げるのは、責任や覚悟がいることです。それこそ中途半端な気持ちで始められるものではないと思っていました。


そんなとき、「いっしょにやらない？」と声をかけてくださったのが、タレントとしてもママとしても大先輩の、若槻千夏さんでした。

若槻さんは、わたしたちがちょうどテレビに出始めた頃に芸能活動を再開されていて、スタジオでごいっしょすると「ｐｅｃｏちゃんのファッションや世界観はすごくかわいい」と褒めてくださいました。ブランドの期間限定ショップにも、何度かお買い物に来てくださっていました。

「ｐｅｃｏちゃんのファンはｐｅｃｏちゃんを本当にリスペクトしていてすごいよね」とも言ってくださり、そんなところまで見てくださっているんだって、感激したことを覚えています。

若槻さんも20代からファッションのお仕事を始めて、現在はご自身のブランド「ＷＣＪ」で活動されています。

わたしのブランドが終了するという発表をしたあと、すぐにご連絡をいただき、「ｐｅｃｏちゃんみたいに、しっかりと世界観を持ってお洋服を作っている人はいない」「やめちゃうのはもったいないよ」という嬉しいお言葉をいただきました。

　その後も何度かご連絡をいただき、いろいろとお話ししました。ご自身もタレント活動とファッションのお仕事をしてきたので、両方のお仕事の苦労もわかっていたり、わたしがまたお洋服を作ることでいちばん懸念していた、作りたいものと売れるもののバランスについても、真剣に考えてくださいました。そしてわたしが、「またお洋服を作りたい」と心から思えたのは、ご自身のブランドをしていらっしゃる若槻さんからの「本当にｐｅｃｏちゃんが作りたいものだけ作ってくれたらいい。売れるものは、わたしが作るから」というお言葉でした。

　その後、若槻さんとごいっしょさせていただくことを決め、２０２２年10月頃に本格的に動きだしました。若槻さんはテキパキと、「ｐｅｃｏ

ちゃんがやりたいこと、要望を全部ちょうだい」と言ってくださいました。

ブランドのコンセプトは、わたしが大好きな80〜90年代のアメリカと決めていました。『ビバリーヒルズ青春白書』の世界からそのまま飛びだしたようなテイストがやりたかったので、それを伝えました。

色使いはポップでも、デザイン自体はすごくシンプルな洋服。ただ、スウェット1枚でも、全体のシルエットや、首回りや袖口のリブの太さまで、徹底的にこだわりたいと思っていました。素材もできるだけいいものを選んで、当時の洋服みたいに、お洗濯するたびにいい味が出るようにしたい。

「リアルな80〜90年代の洋服」のイメージを大切にしたいから、わざとらしいロゴなどはできれば入れたくない。

じっくり時間をかけて良いものを皆さんに届けるため、春夏秋冬のコ

レクションを年3〜4回だけ発表するというルーティーンにしたいとい
うことも若槻さんに伝えました。

着れば誰もがそのまんまでいいと思える服

新しいブランド名は、頭文字をわたしの本名「てつこ」からとって、「Ｔ」にしたいと思っていました。

これからもｐｅｃｏとしてお仕事は続けますが、そこから一歩、ステップアップしたわたしを表現したいという思いがあり、その思いから、「Ｔ」で始まるブランド名をつけたかったのです。

今から30～40年前に着ていた服というイメージなので、それが伝わるようなＴで始まる単語はないかな？　と考えました。いい単語が見つからず悩んでいたとき、若槻さんが「造語でもいいんじゃない？」と提案してくださって。

懐かしいとか、恋しく思うという意味がある「ノスタルジック」。その頭文字をＮからＴに変え、「トスタルジック」にしてはどうかと思いつきました。そしてブランド名は「トスタルジック・クロージング」と名付けることにしました。

息子は「覚えられないよ～」って笑うんですけど、わたしはとても気に入っています。

２０２３年１月に、最初のコレクションになる２０２３の秋冬に向けたアイテムとデザインの検討がありました。ブランドチームのスタッフの方々との初めての顔合わせもあって、すっごく緊張しました。自宅で家族が寝静まってから、こつこつ描きためたデザイン画を入れたｉＰａｄで、人生初のプレゼンテーションの気分です。

その場でも、若槻さんのディレクションはものすごく早くて、アウター、トップス、デニム、アクセサリーと、アイテムの担当者が次々と決まっていき、チームの皆さんも、わたしの思い描いているものを作ろうと、わたしの話を真剣に聞いてくださいました。

わたしはその場の話についていくだけで精いっぱいでしたが、すべてが新鮮で、初めて体験することばかりで、ドキドキ、ワクワクが止まりませんでした。

サンプル作りが始まってからも、「このデザインでいいですか？」とデニムのタッグボタンの裏側など細かいところまで確認してくださるなど、皆さんのこだわりがすごくって。チームの皆さんには感謝しかありません。

次のアイテムのデザインを考えることがすごく楽しくて嬉しい。毎日が充実しています。

ニットやアウターは形がシンプルだからこそ、色にこだわりたいと思っていました。わたしが好きな色、たとえばちょっと青みがかったパープルや、深みがあるけれど暗くはないグリーン、おばあちゃんが好きそうなあずき色がかったピンクなど。

色見本を見てそういった色を選び、「この色の生地を探していただきたいです」とお願いし、皆で試行錯誤しながら作っています。きれいな色がそろったコレクションになると思います。

実店舗は持たず、販売はオンラインだけになります。サイトのデザインも自分でさせていただきました。

前のブランドの服を買ってくださった方から、「pecoちゃんのお洋服を着ると、自分が好きになれる」と言ってもらったことがずっと残っていて、すごく嬉しかったんです。

大切にしていることは、「今の自分を、最高だ！　と好きになれる服」ということ。それを伝えたいと思っています。

その服を着ることで足が長く見えたり、痩せて見えるなど、スタイルアップする服がありますよね。

わたしが作る服はその逆で、スタイルアップを目指して作ってはいません。その人が太っていても痩せていても、お尻が大きくても小さくても、手足の長さも関係ありません。着れば誰もがそのままでかわいく見える服。

なんならよりむっちりに見える服かもしれないけれど、「太い足を見せて」と嫌味を言われるかもしれないけれど、「それが何ですか？　これがわたしです」と思えるぐらい、着る人が自信を持てるような洋服、ブランドにしていきたいんです。

「わたしの好きな服がある」と思ってもらえたら

わたしの理想の女性像は、80年代アメリカのテレビドラマに出てくるような、少し肉づきのいいヘルシーな女の子です。二の腕も太く、むちっとしたお尻にショートパンツが似合うような女の子です。

オーバーサイズで形もシンプルだから、男の子も大歓迎なんです。

年齢も関係ないと思っています。前のブランドで、90年代のドラマでよく出ていた、大きなお花のついた帽子を作ったことがありました。それを購入したお客さまから、「おばあちゃんにプレゼントしたら、すごく喜んでくれた」と報告してくれて。めっちゃ嬉しかったです。

わたしのおばあちゃんもそうだったように、昔着ていた服を大切にしながら、新しいアイテムを加えておしゃれを楽しみたいと思っています。80～90年代は、わたしのお母さん世代の青春時代でもありますよね。そんなおしゃれ好きな方にも、「ここにはわたしの好きな服があるわ」と思ってもらえたら最高です。

ヴィンテージのデニムやジャケットなど古着と合わせるのもおすすめですが、「誰かが着た服には抵抗がある」という人が、古着の代わりに着てくれるのも嬉しい。そこから、わたしが大好きな80〜90年代カルチャーのファンが増えてくれたなら、めっちゃ嬉しいです。

結局は、「自分が欲しいと思う服」を作らせてもらっているんです。古着は探す楽しさもあるのだけど、どうしても欲しいものがあるときは大変です。前のブランドが終了して、着たいと思う服がなくて困っていました。だから、今回のブランドは、自分のことをいちばんに考えて作らせてもらっているんです。

そんな自分が、自分勝手に作ったお洋服を、「かわいい」とか「欲しい」とか、「着てみたい」と言ってもらえてなんて幸せなんだと、奇跡だと、毎日すごく実感しています。「ｐｅｃｏちゃんの服が着たい」と言ってくれる方たちにも感謝しかありません。「トスタルジック・クロージング」の服をたくさんの人に届けられたらいいなと思っています。

「なりたい自分」に向けて進む姿が素敵

この本でこれまで書いてきたように、わたしは子どもの頃からクラスで自分だけ「違う」ことが嬉しかった。制服を着るようになってからは皆と「同じ」格好をすることが何よりも苦痛でした。

いちばん太っていた20歳の頃も、太い足を出すのは嫌ということは1ミリも思わずに、お気に入りのミニスカートを堂々と着ていました。そのあとダイエットはしたけれど、太っていたときの自分も、当時のわたしは気に入っていて大好きだったんです。

ダイエットについての相談をよく受けるのですが、「太っているあなたも『かわいい』と思ってね」と伝えたいです。

というのも、「太っている自分が嫌い。だから痩せてかわいくなりたい」ではなくて、「今の自分もかわいい。でも、もう少し体をしぼったら、もっとかわいいのかも？」ぐらいの気持ちで始めた方が前向きに取り組めるし、成功したときにきっと、自分のことをもっと好きになれると思います。もしダイエットが成功しなかったとしても、「もともとかわいいんだからＯＫ」と思えたらいいですよね。

ちょっと変かもしれないけれど、きれいにほどこされたネイルより、ちょこっとはげているネイルが好きなんです。そばかすやニキビがあっても、シワができても、その人らしさがあってチャーミング。全部完璧に整っているというより、ちょっとした欠点がある方がその人の魅力につながることも多いと思います。

新しいブランドの準備のために『ビバリーヒルズ青春白書』など80年代アメリカのドラマを見返していると、おしゃれな人もいればギークな（おたくっぽい）人もいる、ごちゃまぜな雰囲気が自分は心地いいのかもと最近よく思います。洋服に注目して見ても、ドレスはゴージャスだけど髪型やメイクはごくシンプルだったり……凸凹な感じがあるけど、それが楽しいんです。

「本当の自分」という表現もあるけれど、それは「ありのままの自分」ではなく、「自分のなりたい自分」のことなんじゃないかな？　と考えています。人から何を言われようと、「なりたい自分」に向けて進んでいく姿が、その人らしくて素敵なんだと思います。

２０２３年９月19日と20日、若槻さんのブランド「ＷＣＪ」と「トスタルジック・クロージング」の合同展示会がありました。展示会を開くのは初めての経験で、どれくらいの人が来てくれるんやろ、ちゃんと皆さんにご挨拶できるだろうかと、本当にドキドキしていました。

でも始まってみると、信じられないくらいのお客さま！　若槻さんのご縁で芸能界からもたくさんの方がいらしてくれて、「以前からpecoちゃんの世界観が好きだった」「作ったお洋服が見られて嬉しい」と温かいお言葉もかけてもらえて、本当に幸せな2日間でした。

何も言わず、「ハグさせてね」って抱きしめてくださる方もいて、心も体もぽかぽかになりました。ごくごく普通にryuchellとの思い出を話してくれる人もいて、さりげない優しさが胸に残りました。

名ばかりではあるけれど、事務所「比嘉企画」もつづいていくので、今はタレントとしてのお仕事も頑張っていかなきゃと思っています。

ブランドは、次のシーズンに向けて一生懸命デザインを描いているところです。自分が欲しいもの、作りたいものしか作れないと思ってやっているのに、それを「かわいいね」「大好きだよ」といっしょに楽しんでくれる人がいることが、今は本当に幸せです。

おわりに

わたしの生い立ち、わたしの好きなもの、りゅうちぇるとの出会い、息子のこと、アリソンのこと、そして新たにスタートしたブランドのこと。これまでのわたし、今のわたしについて存分につづらせてもらいましたが、これからの未来へ、未来へなんていうとなんだか大袈裟やけど、ここからのわたしや家族についての思いを、最後に少し、お話しさせてください。

大好きなドラマ『ｇｌｅｅ』の中で、シングルマザーのシェルビーという女性が、１人で子どもを育てる寂しさを話すシーンがある。

「私は母親になることを望んだ。でも思った以上に大変。１人だとね。散らかるし汚れるし、よく泣くし……絵本も何回読んだことか。全部１人でやるのよ。でもいちばんつらいのは、すごいことが起きたときなの。初めて立つ姿を誰かといっしょに見たかった。喜びを分かち合いたかったわ。でも誰もいない」と。その意味が今、とてもとてもよくわかる気がします。

りゅうちぇるがかわいらしく進化する前、わたしの大嫌いな虫の退治も、重いものを運ぶのも、いつだってりゅうちぇるがやってくれていました。でもりゅうちぇるがカミングアウトしてくれたあと、そして、日に日にかわいらしく変化していった頃、虫の退治も重いものを運ぶのも、「できない！」と言われるようになりました（笑）。

でもなんだかその姿もおもしろかったし、そのりゅうちぇるももちろん受け入れられたし、息子が虫から守ってくれるようになったりもしていました。でも何より、重い荷物は持てなくても、息子の「肩車して！」には絶対に絶対に応えてくれていたことは、りゅうちぇるの息子への愛をとても感じていました。

だけどりゅうちぇるがいなくなってしまってから、虫の退治や重いものを運ぶのは息子といっしょに頑張れても、肩車はわたしがしてあげても、めちゃくちゃおもしろいことがあったとき、何より息子の成長を見つけたときに、いつもいちばんに共有していたりゅうちぇるがいないことを改めて実感して、とってもとっても寂しくなります。いっしょに笑ったり、感動を心の底から分かち合える相手がいることって、とてつもなく幸せなことだから。

「男」じゃなくても、「夫」じゃなくても、誰がなんと言おうとわたしにとって最愛の家族。それは、りゅうちぇるがこの世界からいなくなってしまった今も、そしてこれからも、ずっとずっと変わりません。

本当に人生何があるかわからないとこの2年で痛いほど実感したし、これからもわたしの人生、何があるかはまったくわからない。けれど、わたしたち家族のかたちはこれからもずっとずっと在り続けるし、こんな家族のかたちもあるんだよと話し続けていきたいと思っています。

息子は今は、「プリンセスが女の子でも男の子でもいいじゃない」と言ってくれる、わたしたちにとってはとても素敵だなと思う考え方をしてくれていますが、もしかしたら数年後、男はこうあるべきだ、女はこうあるべきだと、そういう考えになることもあるかもしれない。

確かにわたしやりゅうちぇるとは考え方は違うけれど、でもそれも決して間違っているわけではなくて、「それがあなたの考えなのね」とわたしは受け入れたいと思っています。「多様性」と言われるものを善しと受け入れることだけが正義なわけではないとわたしは思うし、考え方や在り方の違う人を否定するのではなく、「そうなのね」とただそれだけでいい、それが「多様性」なのかなとわたしは思っています。わたしはね！

みんながみんなを認め合い受け入れる、そんな世界になればもちろんとても平和だけど、冷めてると思われるかもしれないけど、正直わたしはそんな時代がくることはないんじゃないかなと思っています。そんな時代がくることを目指すことももちろん素敵だけれど、わたしはもし自分の思いを否定されたときにも「あなたはそうなのね」とただそれだけを思い、自分の芯さえしっかり持てる強さを培うことの方が、そのゴールに近づくんじゃないのかなと考えるこの頃です。息子にも、いろんな意味での「よそはよそ、うちはうち」を伝えていけたらなぁって（笑）！

息子とともに、りゅうちぇるを思い、悲しく寂しくなる日もあるけれど、1人きりではりゅうちぇるの写真を見られない日もあるけれど、ダダを思い泣く息子を見て、「ダダが生き返った！　帰ってきたよ！」と言えたならどれだけ嬉しいだろうと考えるときもあるけれど、思い出にフタをするのではなく、りゅうちぇるを思い出してたくさん笑う、そんな自分でありたいなと思っています。そしてりゅうちぇるが安心して見守っていてくれるように、「大丈夫だよ！　息子のことは任せてね！　でも何かあったときは助けてね！」と、毎日心でりゅうちぇるに伝えながら。時にはゆっくりのんびり、これからも進んでいきたいです。

2023年12月
peco

peco（ペコ）

1995年6月30日、大阪府出身。

原宿系ファッションのカリスマ読者モデルとして10代を中心に絶大な人気を集め、パートナーのryuchellとバラエティ番組やTVCMに多数出演。一児の母となった現在は、育児や生活の様子を投稿したSNSが人気。

23年に自身がデザイナー・プロデューサーを務めるファッションブランドgic Clothing（トスタルジック・クロージング）」を開始。

My《マイ》 Life《ライフ》

令和6年2月10日　初版第1刷発行

著者　peco

発行者　辻浩明《つじひろあき》

発行所　祥伝社《しょうでんしゃ》
〒101-8701
東京都千代田区神田神保町3-3
03(3265)2081（販売部）
03(3265)1084（編集部）
03(3265)3622（業務部）

印刷　堀内印刷

製本　積信堂

ISBN978-4-396-61817-9 C0095

祥伝社のホームページ　www.shodensha.co.jp